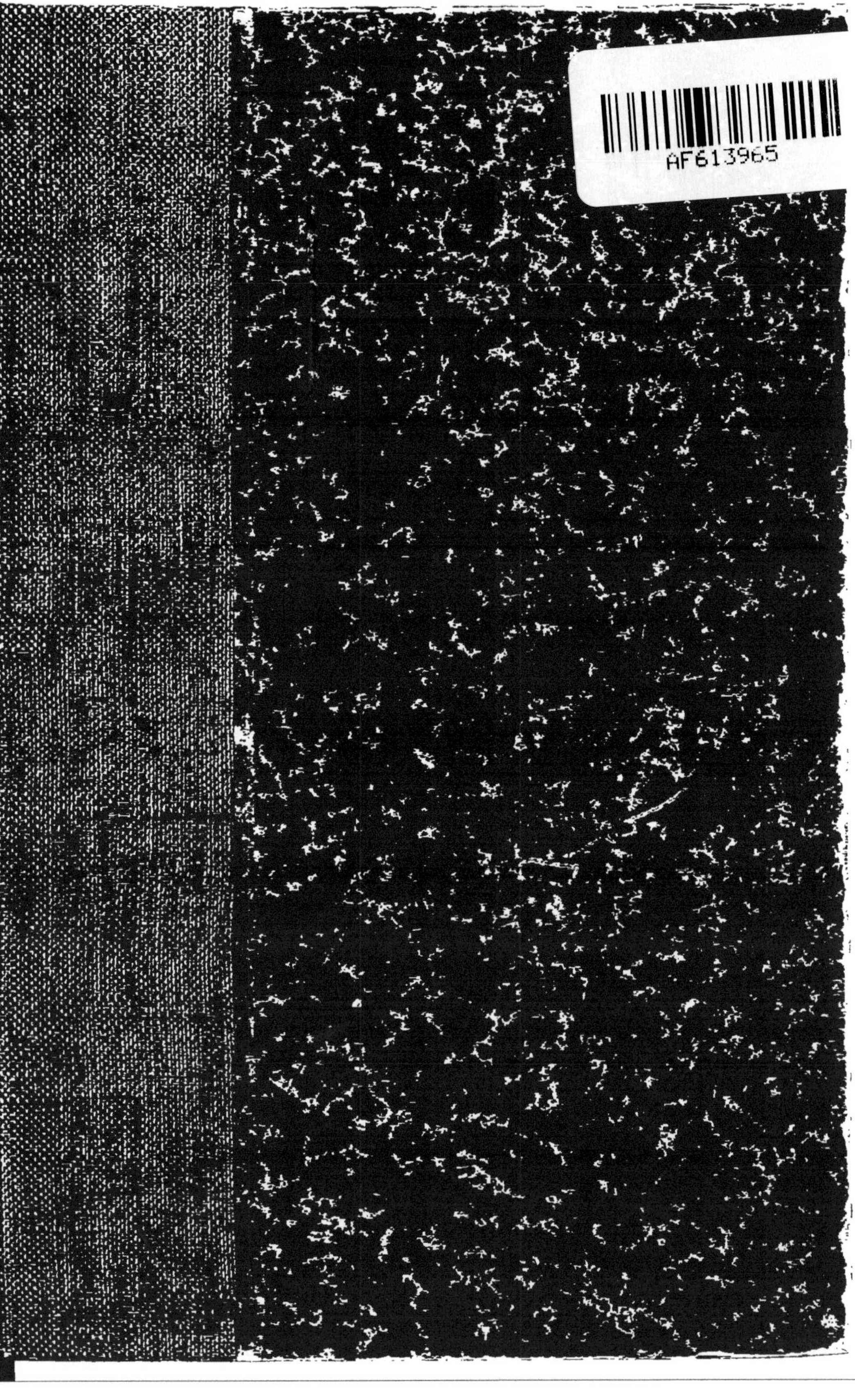

LA

VÉNUS FÉCONDE

LA

VÉNUS FÉCONDE

LA

VÉNUS FÉCONDE

ET

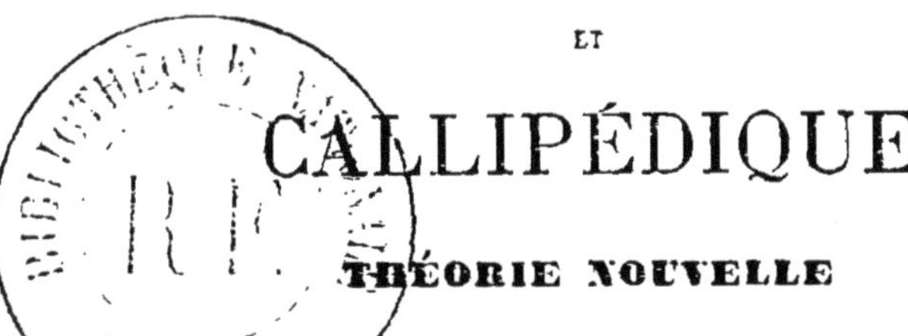

CALLIPÉDIQUE

THÉORIE NOUVELLE

DE LA

FÉCONDATION MALE ET FEMELLE

Selon la volonté des procréateurs

CALLIPLASTIE-ORTHOPÉDIE

OU

ART DE REDRESSER LES DIFFORMITÉS DU CORPS

CHEZ LES ENFANTS

Par A. DEBAY

E. DENTU, LIBRAIRE-ÉDITEUR

PALAIS-ROYAL, 17 ET 19, GALERIE D'ORLÉANS

1871

LA

VÉNUS ANTIQUE

SES DIFFÉRENTS NOMS ET QUALIFICATIONS

L'imagination des anciens Grecs, si fertile en créations poétiques, avait peuplé leur ciel (L'OLYMPE) d'une foule de charmantes Déesses, dont la plus belle, la plus attrayante était APHRODITE ou VÉNUS. Le culte de cette incomparable Déesse se trouve chez tous les peuples de l'antiquité. De nos jours, si l'on n'élève plus d'autels à *Vénus*, son culte n'est point et ne sera jamais effacé; il existe dans tous les cœurs.

Les mythologues avaient donné à Vénus différents noms ou épithètes, selon l'objet pour lequel on l'invoquait.

Vénus *Uranie* ou céleste, signifiait l'harmonie des astres, dans leur course éternelle.

Vénus *Psychique* annonçait l'amour dégagé de la matière ; les sentiments purs, élevés ; l'adoration et le respect.

Et par opposition :

Vénus *Terrestre — vulgaire — impudique*, caractérisait l'amour charnel, les désirs vénériens, les besoins du tempéramment, l'acte brutal.

Vénus *Féconde — procréatrice*, spécifiait l'instinct de propagation, le but de la nature dans la réunion des sexes.

Vénus *Apostrophie* ou *préservatrice*, invoquée pour conjurer les malheurs de l'amour.

Vénus *Victorieuse*, qui asservissait les dieux et les hommes ; — et beaucoup d'autres Vénus qu'il serait trop long d'énumérer.

La fameuse ceinture de *Vénus* réunissait, d'après Homère, les charmes, les attraits et toutes les séductions de la forme ; — les amours vainqueurs, les brûlants désirs et l'ivresse, les entretiens secrets, les voluptueux badinages, les tromperies, les agaceries, les bouderies et toutes les armes avec lesquelles la femme triomphe de l'homme.

Vénus était toujours accompagnée des ris et des jeux, des amours et des plaisirs ; — les fleurs naissaient sur ses pas et les zéphyres la caressaient de leur douce haleine; devant elle, les flots irrités se calmaient, les vents se taisaient, les orages se dissipaient et les cieux, un instant obscurcis, reprenaient leur riant azur. — On lui offrait de très-fréquents sacifices. Autour de ses autels, toujours parfumés et enguirlandés de fleurs, se pressait la foule des mortels implorant ses faveurs.

Vénus, ô charmante déesse ! c'est par ta puissante influence que les êtres s'attirent, que les sexes se rapprochent et se confondent ; que le *pistil* se penche amoureusement sur *l'étamine* pour en absorber le fécondant *pollen*. — O Vénus ! c'est toi qui a peuplé les continents et les mers d'êtres sans nombre, en les initiant aux plaisirs de la reproduction. Sans toi, l'instinct procréateur se perdrait. L'amour que tu symbolises, c'est le feu sacré qui perpétue la vie ; sans l'amour, la vie s'éteindrait et notre planète ne serait plus qu'une masse inerte.....

Ainsi tu fus glorifiée, ô *Vénus !* par les poètes d'un autre âge, et ton règne fut de longue durée ; mais, aujourd'hui, la science a relégué ton mythe dans le domaine de l'imagination et lui a substitué des vérités sévères, contrôlées par la raison.

LA

VÉNUS FÉCONDE

CHAPITRE Ier

DE LA FÉCONDITÉ EN GÉNÉRAL

La vie qui anime notre planète n'est qu'une émanation atomique de la vie universelle.

Tous les êtres vivants qui peuplent la terre sont doués de la faculté de se reproduire; cette faculté, largement développée, prend le nom de fécondité.

La vie dévore la vie, c'est-à-dire ne peut s'entretenir qu'aux dépens d'autres vies. Cette loi s'applique à tous les êtres sans exception. Que l'homme soit carnivore ou frugivore, il détruit nécessairement d'autres vies pour entretenir la sienne; car le végétal aussi bien que l'animal, possède une vie qui lui est propre, et dont la durée est en rapport avec son organisation.

La fécondité est relative à l'espèce. – Les plantes et les poissons, en général, sont doués d'une fécondité tout à fait exceptionnelle; nous ne citerons que quelques exemples :

Un pied de tabac, donne........ 360,000 graines.
Un giroflier.................... 700,000 *id.*
La fourmi et l'abeille pondent.. 460,000 œufs.

Réaumur a compté 20,000 petits dans le corps d'une espèce de mouche.

Certains poissons dépassent de beaucoup ces nombres.

L'esturgeon produit........... 3,000,000 d'œufs.
Le Gadus morhua de......... 5 à 6 millions.

Mais, à mesure qu'on s'élève sur l'échelle animale, les diverses pièces des organes générateurs se perfectionnent, la fécondité se restreint de plus en plus et finit par ne donner, chez les mammifères, qu'un ou deux produits par portée; à l'exception de quelques espèces qui mettent bas de six à quinze et même vingt petits.

SECTION I

FÉCONDITÉ DANS L'ESPÈCE HUMAINE

En général, la fécondité correspond au degré de développement de la sexualité. Mieux l'homme et la femme sont conformés génitalement, et plus ils ont de chances pour avoir une nombreuse progéniture.

Après la conformation génitale viennent d'autres causes qui agissent plus ou moins directement sur la fécondité : d'abord le tempérament et l'âge de la femme; ensuite le genre de vie et de nourriture; le climat, la race, etc.

§ I

Le Tempérament. — Les tempéraments lymphatique et lymphatico-sanguin, chez la femme, sont, en général, ceux dont la fécondité s'élève au-dessus des autres tempéraments. Le bilieux et le nerveux produisent beaucoup moins d'enfants. — Les femmes lymphatiques et lymphatico-sanguines ont le bassin plus évasé, la matrice, les ovaires, les seins plus développés et le canal vulvo-utérin plus extensible; cette conformation est la plus favorable à la fécondation et à l'accouchement.

§ II

L'Age. — La fécondité est en rapport avec les différents âges de la vie; elle est peu développée dans les premières années qui succèdent à la puberté; les mariages *précoces* ne donnent que de rares enfants, et leur mortalité est plus grande que chez les enfants procréés pendant la période virile. — Les mariages précoces contractés en 1812 et 1813, pour échapper à la conscription qui décimait la France, produisirent une foule d'enfants au-dessous de la moyenne en taille et en vigueur. C'est pourquoi les réformes des conscrits de 1832 et 1833 atteignirent un chiffre très-élevé. — La fécondité augmente de 25 à 35 ans, époque où elle arrive à son plus haut degré; les accouchements multiples ne se rencontrent guère que de 25 à 38 ans. — Lorsque l'âge du mari dépasse de 18 à 20 ans l'âge de la femme, la fécondité s'amoindrit. Néanmoins, l'homme de 40 à 45 ans, marié à une femme de 22 à 24 ans, peut, lorsqu'il est vigoureux et bien portant, obtenir de beaux enfants jusqu'à sa 50me année. On a remarqué, dans la race chevaline, que l'accouplement des mâles âgés avec de jeunes femelles, donnaient de plus beaux produits que la combinaison inverse.

§ III

La Saison. — Plusieurs physiologistes ont noté des différences qui tiennent au temps et aux saisons : certaines années sont plus fécondes que d'autres. L'année 1784 a été très-remarquable sous ce rapport. — Beaucoup de femmes conçoivent plus facilement à certaines époques de l'année et leur grossesse est plus heureuse qu'à d'autres époques.

§ IV

La Nourriture. — L'abondance et la qualité des aliments influent beaucoup sur la fécondité. Les nations opulentes sont plus fécondes que les peuplades misérables. L'on a observé que les animaux carnassiers étaient moins féconds que les frugivores. Dans l'espèce humaine, les individus qui entremêlent les légumes aux viandes, procréent plus que ceux qui, par goût, se nourrissent presque exclusivement de viandes.

Une vie active, une alimentation simple et saine favorisent la fécondité; tandis que l'excès de nourriture, les sensualités de la table lui sont contraires. La fécondité est plus grande dans les classes laborieuses, vouées aux travaux manuels, que dans les hautes classes de la société, livrées à la paresse. — Quoiqu'il soit passé en proverbe que les campagnards, les paysans ont plus d'enfants que les bourgeois riches, je ferai cependant observer que si les riches n'en ont pas autant que les pauvres, c'est qu'il ne veulent pas. — Les peuples libres et industrieux procréent beaucoup plus que les peuples esclaves; c'est indubitable.

Le Climat. — Les climats ont une influence très-marquée sur la fécondité. — L'extrême nord ne produit que peu d'enfants ; les plages glacées de cette partie du globe sont désertes. — Les zones tempérées produisent convenablement, c'est-à-dire assez pour les peupler. — A mesure qu'on avance vers le midi, la fécondité augmente. Dans l'Asie méridionale et en Afrique les enfants naissent en grand nombre. — Le chirurgien en chef Larrey raconte, dans ses mémoires, que plusieurs cantinières de l'armée française, stériles en France, furent fécondées en Egypte. — La Chine et le Japon sont remarquables sous le rapport de leur excessive population. Là, comme en tout pays, c'est la classe laborieuse qui fournit le plus de naissances.

La Nigritie serait, d'après les savants voyageurs qui l'ont explorée, la contrée où la fécondité atteindrait les dernières limites. Les négresses conçoivent et accouchent d'autant plus facilement que l'ampleur de leurs génitoires les met à l'abri de tout accident, au moment du travail de la parturition. Au dire de plusieurs voyageurs, les enfants pullulent dans cette vaste contrée, et poussent comme des champignons.

SECTION II

FÉCONDITÉ EXTRAORDINAIRE

ACCOUCHEMENTS MULTIPARES OU DE PLUSIEURS ENFANTS

Dans l'espèce humaine, la fécondation n'a lieu, ordinairement, que sur un ovule; la couche est, alors, dite *monopare* ou d'un seul enfant. — Les accouchements doubles ou de deux jumeaux, se voient encore assez souvent; mais, les accouchements triples, quadruples, quintuples etc., sont des faits isolés, rangés dans les cas rares. Parmi les exemples consignés dans les ouvrages de médecine, nous citerons les plus remarquables.

Hippocrate et Galenus, chez les anciens, ont observé plusieurs accouchements extraordinaires, de deux, trois, quatre et cinq enfants, dans les contrées méridionales de l'Asie et en Egypte. L'histoire médicale moderne a consigné dans ses archives un très-grand nombre d'accouchements de cette nature.

Osiander, l'auteur aux faits prodigieux, a connu trois femmes multipares: la mère de la première faisait les enfants par deux et trois à la fois; — sa fille, qui avait hérité de sa fécondité, eut plusieurs couches de deux, trois, quatre enfants, et une de cinq; sa sœur procréait exactement de la même manière et, à l'âge de 32 ans, elle était mère de 33 enfants.

Le même auteur a écrit qu'une femme avait donné le jour à cinquante trois enfants : dix-huit fois 1 ; — cinq fois 2 ; quatre fois 3 ; – une fois 6 ; — et une dernière fois 7 !!! Osiander était ami du merveilleux.

On lit dans Meckel qu'une paysanne de taille moyenne, à large bassin, engendra 44 enfants, 30 d'un premier mariage et 14 du second ; ce dernier mariage fut remarquable par trois couches seulement, six à la première, cinq à la seconde et trois à la dernière.

Dans les premières années de notre siècle, une femme de Paris eut six couches de trois enfants chaque.

Il est des hommes doués d'une puissance prolifique très-prononcée, mais c'est toujours à la femme que revient les honneurs de la fécondité. Le physiologiste Burdach a recueilli les faits suivants :

Un nommé Tiragelli eut de plusieurs femmes légitimes, trente enfants.

A London, vivait, en 1772, un ouvrier qui avait eu quarante-six enfants de huit femmes.

Le comte Babo d'Esbensberg parut, devant l'empereur Henri II, avec trente-deux fils, sans compter douze filles dont dix étaient vivantes.

Un paysan des environs de Moscou procréa, avec deux femmes seulement, 87 enfants, dont 83 existaient encore en 1782, époque à laquelle il atteignait sa soixante-quinzième année. Sa première femme avait eu vingt-sept couches : quatre couches de 4 enfants; sept de 3, et seize de 2. — Sa seconde femme accoucha de dix-huit enfants en huit années.

Une femme valaque eut six enfants en une seule couche.

Deux négresses accouchèrent de vingt enfants en quatre couches.

Les marchands d'esclaves qui faisaient la traite sur les côtes de la Guinée, rapportent qu'en aucun pays du monde la fécondité est aussi grande : la moindre des familles se compose toujours de 20 à 30 individus. — Un voyageur portugais dit, en parlant de ce pays, qu'il n'est pas rare de rencontrer des pères qui ont procréé quatre-vingts et même CENT enfants!... avec plusieurs femmes, bien entendu. Doit-on les croire?... Il faut que la fécondité soit très-développée en certaine contrée de l'Afrique, puisque le nombre incalculable de nègres que la traite a enlevés depuis des siècles et enlève encore chaque jour, pour les transporter dans un autre hémisphère, n'a jamais dépeuplé le pays d'où on les tire.

Nous clorons cette section par le curieux relevé que nous a fourni DERHAM :

La femme Elisabeth Powler était mère de seize enfants, dont douze seulement se marièrent. Lorsque cette femme mourut, à l'âge de quatre-vingt-treize ans, elle comptait 114 petits-fils ou petites-filles, 228 arrières-petits fils ou petites-filles, — et 900 enfants de ces derniers; en tout douze cent cinquante descendants !!!

Si tous les mariages, dans les quatre parties du globe terrestre avaient une semblable fécondité, bientôt l'espace et la nourriture manqueraient à l'espèce humaine.

SECTION III

DES MULTIMAMES

OU FEMMES A TROIS ET QUATRE SEINS

Les multimames sont assez rares; néanmoins il n'est point de nations qui n'en fournissent des exemples. On a prétendu que cette anomalie ne se rencontrait que chez les femmes qui accouchaient de plusieurs enfants à la fois; la nature les aurait dotées de seins surnuméraires, afin qu'elles pussent facilement accomplir les devoirs de la maternité. La nature, en effet, a multiplié les glandes mammaires chez les animaux qui mettent bas beaucoup de petits : la chienne, la truie, etc., possèdent beaucoup de mamelles, tandis que la vache, la jument, l'ânesse. la chèvre qui ne mettent bas qu'un petit, n'ont que deux tétines. Cependant cette opinion n'est pas d'une sévère exactitude, car, parmi les femmes qui accouchent de plusieurs enfants, il en est peu qui soient multimames; ces seins surnuméraires seraient tout simplement, d'après les *tératologues*, un écart de la nature, autrement dit une difformité. Le plus souvent le sein ou les seins surnuméraires sont beaucoup plus petits que les naturels et ne possèdent point cette élastique souplesse qui en fait la beauté.

Plusieurs médecins de l'ancienne Grèce parlent des femmes multimames comme d'une chose rare et sans but. Dans l'ancienne Rome, on en cite plusieurs qui furent prises comme nourrices chez des patriciennes.

La mère d'Alexandre Sévère avait trois mamelles donnant toutes du lait.

Scaliger raconte avoir vu plusieurs femmes, les unes à trois mamelles, les autres à quatre et une à six mamelles.

Olaüs Borrichius a été témoin oculaire de l'allaitement de deux jumeaux par la mère qui possédait trois seins parfaitement conformés; les trois seins fournissaient abondamment du lait.

Borelli a conservé le nom d'une femme, *Rachel Rey*, également douée de trois seins; le troisième sein était placé sous la mamelle gauche.

Bartholin a connu une femme qui portait un troisième sein au-dessous de l'omoplate gauche.

Une dame de *Trèves*, nommée Withes, d'une beauté remarquable, présentait trois seins d'une égale rondeur, et formant le triangle sur sa poitrine.

En l'année 1671, plusieurs médecins visitèrent, à Rome, une femme à quatre mamelles, se remplissant de lait à chaque grossesse.

Une femme valaque offrait quatre grosses mamelles pendantes sur sa poitrine, au moyen desquelles quatre enfants, nés d'une seule couche, étaient abondamment allaités.

Les deux négresses citées plus haut, qui avaient donné le jour à 20 enfants en quatre couches, possédaient aussi quatre mamelles.

Gadner a donné l'observation d'une mulâtresse du Cap, mère à quatorze ans, qui faisait des enfants par quatre et cinq, sans le moindre accident. Sa poitrine était chargée de six petites mamelles.

Percy racontait, dans ses cours, qu'il avait vu une cantinière ayant cinq mamelles pendantes comme des tétines de chèvres.

En 1827, Adrien de Jussieu communiquait à l'Académie l'observation d'une femme à trois seins; deux à leur place ordinaire, et le troisième à la région inguinale; c'est avec ce dernier qu'elle allaitait un enfant de six mois. La mère de cette femme était aussi multimame.

Tels sont les faits que nous avons extraits de divers ouvrages de physiologie et de médecine. En ajoutant ces organes surnuméraires sur la poitrine de la femme, la nature, si sage, si prévoyante dans ses œuvres, a probablement eu pour but d'assurer la subsistance des nourrissons.

CHAPITRE II

SIGNES AUXQUELS ON RECONNAÎT LA FÉCONDITÉ CHEZ LA FEMME

Les aptitudes à la procréation dépendent, ainsi que nous l'avons dit, de plusieurs conditions physiques et morales.

1° Du large développement de son bassin et de ses organes mammaires;

2° De la belle conformation de son appareil génital, beaucoup plus compliqué que celui de l'homme, et du jeu facile de toutes les pièces qui composent ce riche appareil;

3° D'une vie douce et normale, c'est-à-dire exempte de ces passions violentes qui usent les organes; de ces désirs immodérés de luxe et de plaisirs; de ces habitudes paresseuses et sensuelles qui naissent dans les milieux égoïstes et corrompus; enfin, de ces mille entraves, j'allais dire de ces folies que la mode impose aux femmes du monde.

3° D'une alimentation suffisante et facilement assimilable; d'une activité physique modérée, et, autant que possible, de la sérénité de l'âme.

La femme qui réunit ces conditions doit nécessiarement posséder le privilége de la *fécondité.*

SECTION I

L'aptitude procréatrice, chez l'homme, existe dans la bonne conformation des organes qui élaborent la liqueur prolifique et qui la transmettent. L'absence, la perte ou les imperfections de ces organes, leur inertie ou défaut de vitalité entraînent toujours l'*impuissance*.

On a écrit et souvent répété que les populations des contrées maritimes, se nourrissant presque exclusivement de poissons, procréaient un plus grand nombre d'enfants. C'est une erreur qui s'est propagée parmi le vulgaire, et que prouvent les statistiques faites à ce sujet : les peuples ictyophages ne possèdent nullement des facultés prolifiques plus développées que les nations qui se nourrissent de viandes et de légumes. — Un fait certain, c'est que les aliments riches en principes nutritifs, facilement assimilables et pris en suffisante quantité, portent leur énergique influence sur les organes de la génération de même que sur tous les organes en général, et qu'une alimentation pauvre ou insuffisante produit l'effet contraire ; voilà l'exacte vérité.

Néanmoins, il faut éviter l'*excès* d'un régime alimentaire substantiel, car, on a remarqué qu'en général, les femmes trop grasses étaient moins fécondes que celles d'un embonpoint modéré, et que l'obésité amenait, très-souvent, la stérilité. Ni trop gras, ni trop maigre, dit le proverbe, avec raison.

La vie trop sédentaire nuit également à la conception; il n'est besoin, pour s'en convaincre, que de jeter les yeux sur les femmes de la campagne. Comparez cette épaisse et robuste paysanne à la citadine fluette, étiolée? — La première est entourée de nombreux enfants, tandis que la seconde n'en possède qu'un ou deux et quelquefois point. On pourrait dire que l'une multiplie trop et l'autre pas assez.

On m'objectera que dans notre siècle d'argent et d'égoïsme, le mariage n'est point, comme aux temps des Patriarches, pour avoir une nombreuse famille. Bien loin de là; on se marie par intérêt. L'habitant des villes calcule sa progéniture sur son avoir et ses dépenses: son bien-être devant diminuer en raison du nombre de ses enfants, il préfère n'en procréer qu'un ou deux; trois ce serait trop!... La dépense monte si haut, l'argent s'écoule si vite, à notre époque de décadence; les enfants coûtent trop cher; donc, il sacrifiera la famille à l'argent.

La femme, de son côté, veut briller par le luxe de sa maison, par sa toilette et celle de ses enfants; elle veut rivaliser avec les dames dont la fortune est au dessus de la sienne; elle s'épuise en folles dépenses, ô vanité!.... Cet assaut de luxe est doublement funeste au plus grand nombre, parce qu'il s'attaque à la bourse et aux mœurs; ce mauvais exemple, après avoir contagionné la bourgeoisie, arrive à l'ouvrière, qui, elle aussi, veut vêtir son enfant de soie et de velours; alors qu'en arrive-t-il? Consultez les registres des naissances illégitimes, et vous serez effrayé du chiffre élevé qu'elles atteignent dans les grandes villes et particulièrement dans la capitale.

Dans les campagnes les choses se passent autrement : la nature reprend ses droits et ne cède point à l'argent. Là, les familles sont toujours nombreuses, trop nombreuses, parfois, car la gêne y vient imposer de dures privations; n'importe, les enfants naissent toujours.. C'est cette fécondité qui repeuple les contrées ravagées par des fléaux; qui donne des travailleurs et des soldats; qui fait la richesse des nations. Nous pensons, d'après ces motifs, qu'aujourd'hui la femme enceinte n'obtient pas les attentions, les égards qu'elle mérite. — Les anciens peuples, plus appréciateurs de la fécondité que les modernes, avaient pour elle des égards qui allaient jusqu'à la vénération.

SECTION II

LA FEMME ENCEINTE CHEZ LES ANCIENS PEUPLES RESPECT QU'ON AVAIT POUR ELLE

Dans ces vastes contrées qu'arrose le Gange et l'Indus, les plus anciennement peuplées du globe, *planter un arbre* et *faire un enfant* était un acte agréable à Dieu et œuvre méritoire devant les hommes. La femme enceinte était honorée et respectée, quelle que fut sa condition.

Le grand législateur des Hébreux se garda bien de considérer la virginité et le célibat comme une perfection; il favorisa, ordonna même les mariages, et accorda des privilèges à la fécondité. Le peuple juif, si remarquable par la ténacité du type, le seul qui ait traversé les siècles, sans se mésallier, regarda toujours la stérilité comme une punition du ciel. Chez les Egyptiens, plus une femme procréait d'enfants, plus elle était appréciée; mais ses prérogatives cessaient, hélas! avec sa fécondité.

A Athènes et à Sparte, à Rome et à Carthage, la femme enceinte était l'objet d'un si grand respect, qu'un criminel, un meurtrier échappait momentanément au glaive des lois, en se réfugiant dans la maison d'une femme enceinte: on n'osait l'arracher de ce refuge, dans la crainte de causer une émotion funeste à la femme.

Solon et Lycurgue décrétèrent des honneurs et des privilèges aux femmes enceintes et des châtiments à quiconque les enfreindrait. Lycurgue assimila les femmes mortes en couche, aux braves morts sur le champ de bataille.

A Rome, au plus fort des proscriptions de Sylla, une femme du peuple, échevelée, force la garde du consul, arrive devant lui et d'une voix fière : — Sylla, lui cria-t-elle, je suis mère de sept Romains, je donnerai bientôt le jour à un huitième, je t'adjure, au nom de ta mère, de me rendre mon époux, dont tu as proscrit la tête !

Le dictateur fit signe à ses gardes de la reconduire, et lui accorda immédiatement sa demande.

César, précédé de ses licteurs, apercevant, au débouché d'une rue étroite, une femme enceinte qui marchait à sa rencontre, ordonna aux licteurs de s'arrêter et de se ranger contre le mur, pour lui laisser le passage libre. Lorsque la femme passa devant lui, il la salua.

En Pannonie, les femmes enceintes étaient en telle vénération, que tout homme qui en rencontrait une, sur son chemin, était obligé de l'accompagner si elle l'exigeait.

Nos ancêtres les Francs et les Gaulois vénéraient les femmes, mères de nombreux enfants. Tous les peuples, en général, ont honoré la fécondité, et les femmes fécondes se sont montrées fières du don que leur octroya la nature ; tandis que les femmes stériles, honteuses, humiliées de leur disgrâce, leur ont envié ce don précieux. — Dans l'ancienne civilisation, les femmes stériles et les célibataires étaient considérés comme des êtres inutiles et partant mal vus; la loi frappait d'un impôt ces derniers, pour en diminuer le nombre, et elle avait raison. La civilisation moderne devrait bien imiter l'ancienne, à l'égard des célibataires, dont les corporations envahissantes sont une lourde charge pour les nations.

CHAPITRE III

DES ORGANES DE LA REPRODUCTION EN GÉNÉRAL

Dans l'immense chaîne des êtres vivants, depuis la plante la plus simple jusqu'à l'homme, la vie se reproduit par les organes de la génération; et ces organes sont d'autant plus complexes que l'être appartient à un degré plus élevé de l'échelle animale. Le but essentiel des organes reproducteurs, est la perpétuation des espèces.

Les organes génitaux des deux sexes offrent de nombreuses différences sous le rapport de l'énergie de leurs fonctions. Ces différences se manifestent dans le tempérament, dans une puberté précoce ou tardive, et par l'instinct qui pousse un sexe vers l'autre plus ou moins impétueusement ou modérément; d'où sont venues les dénominations de tempéraments *érotiques*, *chauds*, *utérins*, et de constitutions *molles*, *indifférentes*, *froides*, *anérotiques*.

C'est dans l'inégalité de l'activité génitale, chez l'homme et chez la femme, que se trouve la cause des mille et mille nuances de la passion amoureuse : les uns sont ardents, fougueux dans leurs amours; les autres modérés ou presque indifférents.

La jeunesse et aussi l'âge viril, sont les deux phases de la vie où l'activité génitale se déploie dans toute sa force, et exerce son despotique empire sur le physique et le moral de l'individu. La raison, la volonté sont, bien souvent, une faible barrière contre les ardentes impulsions de l'instinct; mais, on ne saurait nier, non plus, que l'éducation morale du sujet, et les enseignements puisés dans une hygiène sage, ne réfrènent les penchants érotiques et ne préservent des abus.

SECTION I

ORGANES GÉNITAUX DE LA FEMME

Nous ne donnons, ici, qu'une description abrégée de ces organes, les lecteurs qui désirent en posséder la connaissance complète, devront consulter la 55me édition de l'*Hygiène du mariage*, où ils trouveront tout ce qui peut satisfaire leur curiosité.

L'appareil génital de la femme, beaucoup plus étendu que celui de l'homme, se compose d'organes extérieurs et d'organes intérieurs; les premiers sont :

Les *grandes lèvres* et les *petites lèvres* :

Le *clitoris*, le *prépuce* du *clitoris*;

Le *vagin* ou conduit vulvo-utérin;

La membrane *hymen,* chez les vierges, et les glandes *vulvo-vaginales* situées à l'entrée du vagin, sécrétant, pendant le coït, une humeur visqueuse, qui, conjointement avec celle que fournissent les follicules de la membrane muqueuse du vagin, facilitent l'introduction et les mouvements du *pénis.*

Les organes intérieurs, c'est-à-dire situés dans le bassin, sont :

La *matrice* ou *utérus ;*

Les *trompes* ou *oviductes ;* — le *pavillon des trompes,* et les *ovaires.*

SECTION I

DESCRIPTION ABRÉGÉE DE CES DEUX GENRES D'ORGANES

§ I

Organes extérieurs.

Les GRANDES LÈVRES sont formées par un repli de la peau du pubis ; la nature les a garnies de poils, les protéger contre la poussière et les insectes pour qui pourraient s'introduire dans la vulve. Les femmes orientales et africaines se débarrassent de ces poils, comme nuisant à la propreté de la partie. L'affrontement des deux grandes lèvres dessine la *vulve* ou fente vulvaire, dont la commissure supérieure correspond au clitoris ; la commissure inférieure a reçu le nom de fourchette.

Les PETITES LÈVRES naissent de la partie interne des grandes lèvres, à leur tiers supérieur ; elles sont rouges, érectiles chez les jeunes filles, et ne dépassent point la fente vulvaire. Chez les femmes qui ont eu des enfants, elles s'allongent et perdent leur fraîche couleur. On rencontre néanmoins beaucoup de femmes dont les petites lèvres sortent de la vulve, quoiqu'elles n'aient pas été mères ; c'est un vice de conformation, qu'il est facile de détruire par l'excision.

Dans certaines contrées d'Afrique, ces appendices sexuels acquièrent une longueur si démesurée, qu'elles nécessistent l'amputation. — La fraîcheur des nymphes ou petites lèvres est l'attribut de la première jeunesse, de même qu'elle est un signe de sagesse. — Le rôle des grandes et petites lèvres est de coopérer à l'énorme dilatation vulvo-vaginale pendant l'accouchement.

Le CLITORIS, — siége du plaisir, est situé à la partie supérieure de la vulve ; il a deux racines qui s'attachent au bord inférieur de l'arcade pubienne, et se réunissent aussitôt pour former un petit corps rond, de longueur variable (de plusieurs centimètres), selon les races et les sujets. Son extrémité libre se termine par un tubercule, espèce de gland, recouvert par un repli des petites lèvres, en forme de prépuce. — Le clitoris est, chez la femme, l'organe de la volupté vénérienne ; il est, en petit, l'analogue du membre viril : comme lui il possède un tissu érectile, se gonfle et se durcit sous l'influence de l'imagination ou de l'attouchement.

Le VAGIN, — est un conduit membraneux de 10 à 12 centimètres de longueur ; son orifice intérieur s'ouvre à la partie moyenne de la vulve, entre les petites lèvres, au-dessous du clitoris et du méat urinaire; son extrémité postérieure embrasse le col de la matrice. Le conduit vaginal est tapissé d'une membrane muqueuse, offrant de nombreuses rides et rugosités, nommées colonnes du vagin, entre lesquelles une foule de cryptes ou petites glandes versent une humeur mucilagineuse propre à en lubrifier les parois et à faciliter la copulation. Le but final de ces rides est de se prêter à l'énorme distension du vagin, pendant de l'accouchement; car, sans cette prévoyance de la nature, le conduit vaginal serait déchiré, lors du passage de la tête de l'enfant.

Deux glandes *vulvo-vaginales* se trouvent placées à l'entrée du vagin, opposées l'une à l'autre; leur fonction est de lubrifier cette partie pendant le coït. Ces glandes sont plus ou moins développées, selon le tempérament ; elles sont petites chez les femmes indifférentes en amour; leur développement, chez les femmes lascives, peut acquérir la grosseur d'une noisette. Lorsque ces glandes sont sympathiquement excitées par l'érection du clitoris, leur conduit excréteur laisse échapper, au moment du spasme vénérien, un jet d'humeur blanchâtre, qui simule, en petit, l'éjaculation virile.

Membrane hymen. — Cette fameuse membrane, que plusieurs anatomistes ont admise, que beaucoup d'autres ont niée, et que les plus raisonnables ont regardée comme un repli exagéré de la membrane muqueuse vaginale, se présente quelquefois sous la forme d'une cloison incomplète, laissant une ouverture pour le passage des règles. En tous cas, la présence de ce chaste repli n'est pas une preuve incontestable de virginité, puisqu'on le trouve chez les femmes qui ont usé du coït et qu'on ne le rencontre point chez d'autres réellement vierges.

Les anatomistes qui admettent la membrane hymen disent que sa déchirure produit, après cicatrisation, des petits bourgeons auxquels ils ont donné le nom coquet de *caroncules myrtiformes.* — La vérité, dans cette question, est que la plupart des médecins praticiens qui ont été à même de visiter un grand nombre de jeunes filles et de femmes mariées, avouent qu'ils n'ont que très-rarement aperçu cette membrane hymen, considérée par eux comme des cas exceptionnels. En revanche, ils ont très-bien vu des rides, des rugosités, des éminences, des sillons, des replis de la membrane vaginale, plus ou moins saillants ou effacés, selon l'âge et la position civile de la femme, c'est-à-dire vierge ou mariée; mais, ils n'ont rien distingué qui ressemblât à des myrtes. Ils ajoutent que les règles très-abondantes, les flueurs blanches, les attouchements, les injections, le lavage profond et réitéré de ces parties, pour bien les nettoyer, sont autant de causes qui tendent à effacer ces replis membraneux, ou, si l'on veut, cette membrane hymen. (1) — Ces mêmes médecins sont unanimes à dire que s'ils étaient appelés à constater la défloration, suite de viol, ce n'est pas sur la déchirure de l'hymen, ni sur les caroncules myrtiformes qu'ils baseraient leur jugement, mais bien sur l'attrition des parties et sur d'autres signes d'introduction violente.

§ II

Organes intérieurs

L'UTÉRUS ou *matrice* est un organe creux, en forme de poire, solidement fixé, dans le bassin, par quatre ligaments, deux ronds et deux larges. La matrice se divise en deux parties : le corps et le col ou museau. — Le col présente une ouverture transversale très étroite, chez les vierges, mais suffisante pour livrer libre passage au sang menstruel. — La capacité du corps utérin est de trois à quatre centimètres cubes chez les femmes qui n'ont pas eu d'enfants ; son poids est de 45 à 50 grammes seulement. — Chez les femmes enceintes, cet organe, vers la fin de la grossesse,

---

(1) Voyez, dans l'hygiène du Mariage, l'histoire anecdotique et très-curieuse de la membrane hymen, chez les différents peuples.

surpasse vingt-cinq fois son poids et son volume primitifs.

La matrice reçoit l'ovule arrivé à maturité; sa fonction est de le nourrir pendant ses phases de transformation, lorsqu'il a été fécondé, ou de l'expulser avec le sang des règles, lorsque la fécondation n'a pas eu lieu.

La matrice est la pièce principale de l'appereil sexuel féminin ; elle joue un grand rôle dans l'existence de la femme depuis la puberté jusqu'à l'âge de retour. Si l'on tient compte de ses tributs lunaires, de ses diverses grossesse, des excitations, irritations et maladies de cet organe, on comprendra que, pendant toute la période procréatrice, la femme vit sous l'influence utérine.

Les Ovaires. — Ces organes sont situés de chaque côté de la matrice, dans un repli du péritoine, appelé *ligament large*; ils sont parenchymateux, de forme ovoïde, aplatis latéralement et de la grosseur d'un œuf de pigeon.

L'ovaire renferme de petites vésicules, à parois transparentes, remplies d'un liquide séreux au milieu duquel nage *l'ovule* (œuf humain). La formation des ovules a lieu après la puberté, chez les vierges comme chez les femmes mariées. Le nombre des vésicules contenus dans les deux ovaires d'une femme est de 30 à 40, visibles à l'œil nu. — L'anatomie a démontré que les rudiments de ces vésicules existaient dans les ovaires du fœtus femelle, avant sa naissance; ce qui faisait dire à l'éminent physiologiste Coste, qu'une femme enceinte portait en elle trois générations : la première provenant directement d'elle-même, la seconde représentée par l'enfant qu'elle porte dans son sein, et la troisième par le germe de l'ovaire qui existe dans le corps de son fœtus.

Les ovaires communiquent avec la matrice par un canal nommé *trompe* ou *oviducte.* A son extrémité libre, ce canal s'élargit en forme d'entonnoir et constitue le pavillon de la trompe. Le rôle de l'oviducte est, comme l'indique son nom, de conduire l'œuf, détaché de l'ovaire, dans l'intérieur de la matrice. L'ovaire occupe le premier rang parmi les organes de la procréation ; en effet, il est pour la femme ce que le testicule est à l'homme. L'ablation des ovaires produit, chez elle, *l'eunuchisme :* ses seins tombent, se flétrissent ; ses règles se suppriment pour toujours, ses formes arrondies, gracieuses, disparaissent et font place à des saillies anguleuses ; le timbre de sa voix perd son diapason ; enfin, les appétits de la chair s'éteignent, l'homme lui devient indifférent.

L'ablation des ovaires, pour faire des femmes eunuques, se pratique dans l'Inde, avec succès, c'est-à-dire sans danger pour la vie de la personne opérée. Plusieurs témoins oculaires ont rapporté ce fait.

Quelques mois après la puberté, chez les jeunes filles, les ovaires commencent à se congestionner et à produire des ovules. Aussitôt que le premier œuf se détache de l'ovaire pour descendre dans la matrice, la première menstruation paraît. Alors, un vague désir s'empare des jeunes pubères; elles éprouvent des ardeurs, des sensations, jusqu'à ce jour inconnues; chez quelques unes le désir vénérien grandit, les tourmente et devient, parfois, si impérieux, qu'il peut amener de graves désordres nerveux : les vapeurs, les étouffements, l'hystérie, etc., si l'on ne se hâte d'éteindre ces ardents désirs dans un prompt mariage.

L'œuf humain ou *ovule* met, généralement, vingt-huit à trente jours à acquérir son entier développement. Lorsqu'il est tout à fait mûr, il brise son enveloppe, sort de l'ovaire et s'engage dans l'oviducte, où il chemine lentement, jusqu'à ce qu'il soit parvenu à l'ouverture communiquant à la matrice; il tombe alors dans cet organe, et se greffe sur sa paroi s'il a été fécondé; dans le cas contraire, il est expulsé hors la matrice. Plusieurs physiologistes, armés de microscope, ont aperçu des ovules dans le sang des règles de quelques femmes chez lesquelles ce flux dure huit à dix jours.

SECTION II

DESCRIPTION DE L'ŒUF HUMAIN

§ III

Vésicules de Graaf

L'ovaire de la femme et de tous les mammifères contient des utricules que les anatomistes ont dénommé *vésicules de Graaf* (du nom de l'anatomiste qui les a découvertes). Ces vésicules offrent diverses grosseurs, selon leur degré de développement; la plus mûre, celle d'où doit sortir l'ovule, peut offrir la grosseur d'une petite noisette. On compte quinze à vingt vésicules dans l'intérieur d'un ovaire, visibles à l'œil nu; mais, au moyen du microscope, on en découvre un très-grand nombre à l'état rudimentaire.

Les vésicules de Graaf sont formées de deux tuniques; elles contiennent un liquide grumeleux et jaunâtre semblable à la sérosité du sang. Dans ce liquide on aperçoit une multitude de granules de formes variables. La membrane intérieure de ces vésicules est tapissée de granules semblables, ce qui l'a fait nommer membrane *granuleuse*. — A la partie supérieure de la vésicule de Graaf, se dessine l'*ovule* ou œuf humain en maturation, entouré de cellules très-rapprochées les unes des autres; cette agglomération de petites cellules porte le nom de *cumulus proliger*.

§ IV

L'Ovule

L'ovule ou œuf proprement dit, est logé dans la vésicule de Graaf : il se compose d'une enveloppe transparente nommée membrane *vitelline*, et d'une matière grumeleuse jaunâtre appelée *vitellus*.

La membrane vitelline forme un large anneau diaphane autour du *vitellus*.

Le jaune ou *vitellus* est composé d'une masse de granulations réunies entre elles par un liquide visqueux. — Dans l'intérieur du jaune existe une vésicule sphérique dite *germinative*, également diaphane. Cette vésicule offre, dans sa partie moyenne, un petit aggrégat de granules, formant tache sur sa transparence, ce qui lui a fait donner le nom de *tache germinative*. La tache germinative peut être comparée au *nucléole*, et la vésicule germinative au *noyau*.

Les descriptions physiologiques qu'on vient de lire, ne sont qu'un simple exposé; nous avons passé sous silence les détails qui n'ont d'importance que pour les hommes de l'art, car, on ne doit pas oublier que nous écrivons pour les gens du monde. Les lecteurs, désireux de connaître à fond les mystérieuses évolutions de l'*œuf humain fécondé*, pourront consulter notre *Histoire naturelle de l'homme et de la femme*, ouvrage enrichi de gravures, pour faciliter l'étude de cette intéressante question.

Le concours de l'homme étant d'une nécessité absolue dans l'acte de la fécondation, il devient indispensable de donner une description abrégée des organes génitaux mâles, afin de mieux établir les rapports et l'antagonisme qui existent entre les deux systèmes sexuels de l'homme et de la femme.

CHAPITRE IV

APPAREIL GÉNITAL DE L'HOMME

Cet appareil, moins compliqué que celui de la femme, se divise en organes de sécrétion et de transmissions. Les premiers élaborent et secrètent la liqueur spermatique; les seconds sont chargés de la transmettre.

§ I

Organes de Transmission

1° Le pénis. — *Verge-membre viril*, de forme cylindrique, de longueur et de grosseur variables, selon les tempéraments et les races, s'attache à l'os pubien par plusieurs muscles au nombre desquels se trouvent les muscles érecteurs. Trois tissus distincts concourent à sa formation : le *gland*, le *corps caverneux* et le canal de l'*urètre* ou voie *urinaire*.

Le gland, — formé d'un tissu érectile, spongieux, très-perméable au sang, est ordinairement recouvert par un repli de la peau appelé *pré-*

puce; un filet ou *frein* retient le prépuce à sa face inférieure. C'est autour de ce frein que la sensibilité est le plus développée. — L'orifice extérieur du canal urinaire s'ouvre au bout du gland.

2° Les *corps caverneux*, production vasculaire éminemment érectile, forment la totalité du pénis à l'exception du gland; ils servent à donner la forme cylindrique, la longueur et la roideur nécessaires à cet organe pour remplir sa fonction.

3° Le canal de l'*urètre*, également érectile, commence à la vessie et se termine au bout du gland par un orifice appelé MÉAT. La fonction de ce canal, logé dans une gouttière que forment les corps caverneux, est de porter au dehors les sécrétions urinaires et spermatiques.

§ II

Organes de Sécrétion

Les TESTICULES. — Ces deux glandes, contenues dans un sac cutané, le *scrotum*, vulgairement appelé *bourses,* sont recouvertes par trois membranes, protectrices, fibreuse, séreuse et celluleuse. Le testicule proprement dit n'est pas plus gros qu'un œuf de perdrix; il se compose d'un parenchyme granuleux et grisâtre, sur lequel est immédiatement appliquée une tunique fibreuse dite *albu-*

ginée. Les nombreux prolongements de cette tunique à travers le corps du testicule, forment des petites cellules dont le nombre a été évalué à 300! et dans lesquelles sont logés les *canaux séminifères* enroulés sur eux-mêmes; la longueur de chacun d'eux atteint 60 centimètres, tandis que leur grosseur égale à peine celle du plus menu cheveu; de telle sorte que. si l'on plaçait chaque conduit au bout l'un de l'autre, leur longueur dépasserait deux kilomètres!!!

Les canaux séminifères élaborent le fluide spermatique; après s'être tous réunis sur un point du testicule, dénommé *corps d'hygmore*, ces canaux versent leur produit dans 15 ou 20 conduits plus larges, et ces conduits, à leur tour, l'apportent dans l'*épididyme*, tube de 10 à 12 mètres de longueur, contourné sur lui-même, qui parcourt le testicule de haut en bas. La queue de l'épididyme s'abouche au *canal déférent*; — ce canal, accompagné des artères, veines et nerfs spermatiques, forme le *cordon spermatique*; il monte du testicule à l'*anneau inguinal*, le traverse, entre dans l'abdomen et porte la liqueur prolifique dans les *vésicules séminales*.

Les VÉSICULES SÉMINALES, réservoir du sperme, sont logées entre la vessie et le *rectum*; de leur partie inférieure, part un conduit, de quelque centimètres de longueur, qui traverse la *prostate* et va déboucher dans l'urètre. Le sperme séjourne dans les vésicules séminales jusqu'au moment où le spasme vénérien le chasse dans le *conduit éjaculateur*, et, de là, dans l'urètre, d'où il est lancé au dehors, par les contractions des muscles également nommés éjaculateurs.

La *prostate* et les *glandes de Couper* sont deux amas de petites glandes qui embrassent l'urètre ou canal urinaire à son origine. Pendant l'acte copulateur, ces glandes sécrètent une humeur visqueuse, lactescente, dont le but est de favoriser l'éjaculation spermatique.

Dans ces impénétrables combinaisons d'organes et de fonctions diverses ; dans ces entrelacements multiples de nerfs, de vaisseaux et de conduits ; dans cette œuvre admirable de la génération, dont la nature seule, possède le secret, que de merveilles et de mystères !!!

SECTION I

DU FLUIDE SPERMATIQUE

Liqueur prolifique. — Fluide procréateur. — Sperme

Le sperme est une humeur blanchâtre, épaisse, visqueuse et d'une odeur analogue à celle de la fleur de châtaignier. — L'analyse chimique y a découvert de l'eau de l'albumine, des phosphates de soude et de chaux; des traces de soufre et une matière animale : la *spermatine*. Cette dernière substance provient des zoospermes ou animalcules spermatiques.

Les zoospermes sont directement fournis par la sécrétion des canaux séminifères, qui constituent le testicule et qu'on doit considérer comme le sperme proprement dit; car le sperme provenant de l'éjaculation est mêlé aux divers fluides lactescents que sécrètent la prostate, les glandes de Cowper, et autres follicules muqueux qui lubrifient le canal urinaire.

En examinant une goutte de sperme au microscope grossissant 500 fois, on y voit s'agiter, en tous sens, une foule d'infusoires auxquels on a donné les noms de *zoospermes*, *spermatozoaires*, *animalcules spermatiques*, etc. La forme de ces infusoires se rapproche de celle des têtards de la grenouille : une grosse tête et une longue queue servant de nageoire.

L'observation microscopique fait encore découvrir, dans cette goutte de sperme, une multitude d'animalcules nageant dans le liquide, se mouvant avec rapidité, au moyen de leur queue, à la manière des anguilles, et franchissant les obstacles qu'ils rencontrent. Leur vitesse, pour se rendre d'un point à un autre, a été estimée, par l'expérimentateur Henle, à un centimètre en trois secondes.

§ III

Comment naissent et se développent les Zoospermes.

C'est dans les canaux séminifères que les animalcules spermatiques prennent naissance. On aperçoit d'abord une très petite vésicule contenant des granules microscopiques. La vésicule grossissant peu à peu, le contenu se fractionne en deux parties, qui forment deux cellules dans la vésicule mère. Les cellules continuent à se multiplier dans la vésicule mère, et l'on en compte bientôt huit, dix et plus. Lorsque la multiplication est achevée, on remarque, dans l'intérieur des cellules, un petit filament renflé à l'une de ses extrémités, enroulé en 3/4 de cercle; ce sont les zoospermes ou animalcules spermatiques. Ces filaments élémentaires croissent avec rapidité, sortent de leurs cellules et vont s'appliquer contre la paroi de la vésicule mère, dans un ordre symétrique.

La vésicule mère ne pouvant résister longtemps à cette pression, se déchire et les animalcules spermatiques, mis en liberté, acquièrent, dès ce moment, une vie indépendante; ils se meuvent en tous sens et se dirigent instinctivement vers les vésicules séminales qui doivent leur servir de réservoir.

La liqueur spermatique privée d'animalcules, par suite d'une maladie des canaux séminifères ou d'un vice de sécrétion testiculaire, est nécessairement inféconde; les expériences faites, à ce sujet, en ont confirmé la preuve.

Les liquides acides et alcalins, les alcooliques et les injections d'eau froide les frappent de mort; ces dernières sont quelquefois une cause de stérilité, pour les femmes qui se lavent à l'eau froide, aussitôt après l'acte sexuel. — L'urine est sans action sur les zoospermes.

§ IV

Des Qualités du Sperme

On a beaucoup disserté et parfois divagué sur ce fluide; les uns ont prétendu que le sperme des hommes forts et continents était supérieur, en quantité et en qualité, à celui des sujets faibles, adonnés aux plaisirs de Vénus. — Les autres, adoptant l'opinion des premiers, ont écrit que le sperme d'un homme fortement constitué, participait de sa force et donnait la vie à des enfants robustes, tandis que le sperme d'un homme de faible constitution, ne produisait que des enfants délicats et faibles.

C'est là une grande erreur que les faits multipliés démentent tous les jours. Combien d'hommes et de femmes d'apparence chétive, engendrent de gros enfants; et combien d'Hercules procréent des êtres qui, comparés à eux, ne sont que des avortons!... D'après nous, voici la vérité; d'abord, la quantité du fluide séminal n'a rien à faire ici, puisqu'un seul animalcule suffit pour féconder un ovule, et qu'une goutte de sperme contient plusieurs animalcules. Donc, mettons de côté la quantité et passons à la qualité.

Il est certain qu'un homme vigoureux, bien nourri et plein de santé, élabore un sperme de meilleure qualité que l'homme qui sera dans des conditions opposées. Comme ce n'est pas la force musculaire ni l'embompoint qui produisent la sécrétion spermatique, mais bien les glandes testiculaires, il arrive très fréquemment que l'homme faible, en apparence, possède une force génitale supérieure à celle de l'athlète, et son sperme contient des animalcules, dont la vitalité, très prononcée, se manifeste par la beauté des fécondations.

Quelques auteurs ont avancé que plus l'homme est continent et plus les enfants sont vigoureux et forts. C'est encore une erreur, si la continence dépasse la limite imposée par la nature. — Quoique la sécrétion de l'humeur séminale se fasse lentement, quelques jours suffisent pour réparer sa perte. — Lorsque les vésicules séminales (*réservoirs de cette humeur*) sont pleines, la nature, chez les jeunes hommes, les vide en partie soit par des pollutions, soit par une résorption intérieure. Donc, l'humeur séminale contenue dans ses réservoirs se renouvelle incessamment par sécrétion et par résorption, ainsi que toutes les humeurs du corps. Le fluide séminal d'aujourd'hui n'est donc pas absolument le même que celui d'hier. Enfin, l'évacuation spermatique naturelle, c'est-à-dire lorsque le besoin l'indique, à l'avantage de favoriser la fonction des canaux séminifères et de prévenir leur engorgement, avantage que ne possède pas la continence. Du reste, en tout, il n'y a que les excès qui sont nuisibles à l'économie humaine; les abus vénériens sont un excès; — la continence outrée est un autre excès souvent funeste à l'individu et sans nul profit pour la fécondation. Exemples :

Théodore B... homme robuste, marié à une femme également robuste, est forcé, pour affaires de commerce, de s'absenter pendant quatre mois. — De retour, sans avoir eu aucun contact sexuel, ses réservoirs devaient être pleins, et si la quantité eût été pour quelque chose dans la force fécondante, Théodore aurait dû faire un Hercule!... Le contraire eut lieu... Sa femme, fécondée pendant la nuit même de son arrivée, accoucha à terme, d'un être débile et contrefait.

Qu'est-ce que cela prouve, dira-t-on? — Des milliers de faits semblables prouvent que la force et la beauté du fruit dépendent d'autre chose que de la continence ou de la quantité du sperme.

Charles C... est dans une situation corporelle tout à fait opposée à celle de Théodore ; il est sec, nerveux et d'un tempérament génital bien accusé, il use très largement des plaisirs du mariage. Sa femme lui a déjà donné six enfants, tous vigoureux et bien portants.

Ce fait et mille autres faits analogues prouvent qu'il faut chercher ailleurs que dans la quantité du sperme, ou dans la force musculaire des parents, la cause de la vigueur et de la santé des enfants.

C'est nier les lois de l'hérédité, penseront mes contradicteurs ; c'est leur négation complète.

Nullement, Messieurs; personne mieux que moi n'admet la réalité de l'hérédité physiologique, je suis un de ses partisans convaincus ; mais cette hérédité n'est pas infaillible ; on le comprendra facilement, si l'on veut se donner la peine de réfléchir aux variations qui ont lieu tous les jours et à toute heure, dans l'organisme humain. — L'Hercule et la femme robuste qui, jouissant aujourd'hui de leur santé complète, auraient procréé des enfants à leur image, ne se trouveront plus dans le même état, demain ou les jours suivants. Peut-être seront-ils fatigués, souffrants, tristes, languissants, excités, irrités, le corps affaissé, le moral bouleversé par une de ces mille circonstances dont la vie est semée. La fécondation ayant lieu dans une de ces conditions, donnera des produits inférieurs à ceux qu'on attendait.

D'un autre côté, les procréateurs faibles, délicats, en apparence, mais jouissant de la santé physique et de la paix morale, obtiendront une fécondation et des fruits supérieurs. C'est ce qu'on voit tous les jours.

Les personnes étrangères à la physiologie doivent bien se pénétrer de cette vérité. — Pendant le cours d'une maladie quelconque, et même d'un malaise, d'une indisposition, les sécrétions et excrétions sont plus ou moins lésées. Le système glandulaire sécrète en trop ou en moins, comme par exemple dans le rhume de cerveau, la diarrhée, la polyurie, la constipation, la sécheresse des membranes muqueuses. D'autrefois, le travail glandulaire peut être perverti, c'est-à-dire donner un fluide, une humeur mal élaborés, de qualité inférieure. Or, le testicule étant une glande, on comprendra facilement qu'une maladie, une passion triste, une indisposition générale et, à plus forte raison, une affection localisée à l'ovaire, au testicule, altèreront la fonction de ces organes et vicieront les sécrétions ovarique et spermatique. Ces considérations ne sont point indifférentes, au point de vue de la fécondation ; il est hors de doute qu'un ovule altéré dans ses principes constitutifs ; qu'un sperme mal élaboré donneront un produit défectueux. — Beaucoup d'enfants chétifs, malingres, dont la débilité fait contraste avec la vigueur et la santé de leurs frères et sœurs, sont les tristes résultats de fécondations opérées dans des conditions défavorables.

Nous aurons occasion, dans le courant de cet ouvrage, de revenir plus d'une fois sur cette grave question qui mérite un examen approfondi.

§ V

De l'Emission spermatique normale chez les Sujets bien portants.

On a beaucoup exagéré, en mal, les effets de l'émission séminale. Bon nombre d'auteurs ont avancé que le sperme était formé de la *plus pure partie du sang*, et que les émissions de cette humeur affaiblissaient le physique et le moral. — L'assertion n'est point exacte. — Distinguons :

Oui; lorsque le coït est trop souvent répété. — Non; s'il est pratiqué avec modération et à des intervalles physiologiques.

C'est probablement d'après leur propre expérience, que ces auteurs ont affirmé ce fait, qui ne saurait être généralisé. — Demandez à tous les jeunes hommes, vigoureux, doués de raison, et, partant, modérés dans l'usage du plaisir vénérien, si l'émission séminale produit, sur eux, de si tristes effets? — Ils vous répondront qu'une continence trop longue les jetait dans une agitation, un malaise, un alourdissement singulier, qui se dissipait aussitôt l'acte consommé. Alors, n'étant plus tourmentés par le besoin, ils se trouvaient dispos d'esprit et de corps. — Donc, sur ce point, l'assertion est fausse.

L'acte procréateur ayant sa source dans l'instinct de propagation, il est évident que l'accomplissement physiologique de cet acte, loin de nuire à la santé, ne peut que lui être avantageux. — Ce n'est pas, comme nous l'avons déjà fait observer, l'émission spermatique qui occasionne une fatigue, une faiblesse momentanée, mais bien la violente contraction des fibres génitales et musculaires, et l'ébranlement général de l'arbre nerveux, pendant le spasme vénérien. — Il est clair que ce violent spasme, renouvelé trop souvent, fatiguera le corps, de même que de fréquentes indigestions fatiguent l'estomac. Mais, ici, comme en tout, c'est l'abus qui est mauvais.

Maintenant, quelques mots pour redresser ces expressions : *Le sperme est la plus pure partie du sang.* — On pouvait le croire autrefois. — Aujourd'hui, la physiologie anatomique nous a démontré positivement, que toutes les glandes de notre corps élaborent et sécrètent une liqueur qui leur est propre. — Les glandes salivaires élaborent la salive ; — les glandes de l'estomac fabriquent le suc gastrique ; — le foie élabore la bile ; — les reins donnent l'urine ; — Les glandes sudoripares, la sueur, etc. ; les glandes testiculaires élaborent le fluide spermatique. — La fonction de toutes ces glandes est la même ; quant au travail éliminateur, il ne diffère que par le produit. — Si l'on compare la très-petite quantité de sang prise par les testicules, avec l'énorme quantité que prennent le foie, la rate, les reins et ces myriades de glandules qui fabriquent les diverses humeurs du corps, on est forcé d'avouer que *ce plus pur de notre sang*, extrait par les testicules, doit être bien minime.

Donc, l'assertion de ces médecins est erronnée; s'ils avaient tout simplement répété cet axiome : — *Les excès, en toutes choses, sont nuisibles;* — ils n'auraient pas rencontré de contradicteurs.

CHAPITRE V

LOIS PHYSIOLOGIQUES

CONCERNANT LA GÉNÉRATION

Un homme, dont la science s'honore, l'éminent physiologiste POUCHET, a découvert et formulé les lois suivantes :

1° Dans tout le règne animal, la fécondation s'opère à l'aide d'œufs préexistant à la fécondation.

Déjà un ancien avait dit : *Omne vivum ex ovo*, tout être vivant provient d'un œuf.

2° Pour que la fécondation ait lieu, il est nécessaire que les œufs soient mûrs et détachés de l'ovaire;

3° Dans toute la série animale, les ovaires produisent des œufs, et l'ovulation s'opère indépendamment de la fécondation;

4° Chez tous les animaux, les œufs se détachent des ovaires à des époques périodiques, en rapport avec la surexcitation des organes génitaux;

5° La fécondation ne peut avoir lieu que dans le cas où l'œuf se trouve en contact avec le fluide séminal;

6° La menstruation, chez la femme, coïncide avec l'*ovulation* ou ponte périodique de l'ovule;

7° La fécondation est en rapport constant avec la menstruation, c'est pourquoi on peut rigoureusement préciser l'époque intermenstruelle où la fécondation est impossible et celle où elle est probable.

Ces lois sont désormais acceptées par tous les physiologistes.

OVULATION OU PONTE PÉRIODIQUE

On entend par ce mot, la sortie, des ovaires, d'un ou de plusieurs ovules, arrivés à maturité, et leur passage dans les oviductes pour se rendre dans la cavité de la matrice. Ce phénomène se renouvelle chaque mois et provoque l'écoulement des règles.

SECTION I

DES RÈGLES OU FLUX MENSTRUEL

DE LEUR CAUSE ET DE LEUR BUT

AXIOME

La menstruation est la conséquence de l'ovulation et le type de la fécondation.

Les intéressants travaux des physiologistes modernes ont clairement démontré que les règles ont leur vraie cause dans l'*ovulation* ou ponte mensuelle, c'est-à-dire dans la maturité d'un ovule qui se détache de l'ovaire et passe dans l'oviducte, pour aller se dissoudre dans la matrice lorsqu'il est infécond. La menstruation est un des principaux signes de la fécondité : la femme aménorrhéïque ou privée de règles est généralement stérile; de même, avant la puberté et après l'âge critique, la fécondation est impossible, par la raison que chez la jeune fille impubère, les règles n'ont pas encore paru, et que, chez la femme critique, elles ont disparu sans retour.

§ I

Signes précurseurs des Règles

Chaque mois, dans les ovaires de la femme pubère, il se produit un travail profond dont elle n'a point conscience; c'est le travail de l'ovulation qui précède ordinairement de quelques jours le flux menstruel.

A l'approche des règles, les femmes nerveuses et impressionnables, éprouvent une surexcitation générale : le pouls augmente de force et de vitesse; les parties génitales sont plus chaudes; les petites lèvres et le clitoris éprouvent une légère tuméfaction; aux douleurs lombaires succèdent des lassitudes dans les cuisses; un cercle bleuâtre cerne les yeux; la peau du visage perd son éclat; l'appétit diminue; la sensibilité s'exalte et les impressions sont plus vives. — Beaucoup de femmes, pendant cette époque, sont tristes, abattues, sujettes à des impatiences, à la mauvaise humeur et parfois à la colère; elles ont besoin de repos et sont disposées au sommeil. Cet état de surexcitation diminue aussitôt que les règles ont pris leur cours, et disparait complétement quand l'hémorrhagie est arrivée à son plus haut degré.

Ces phénomènes, sont à peine sensibles, chez les femmes actives, robustes et bien portantes; surtout chez les femmes des campagnes qui, pendant la période menstruelle, continuent leurs durs travaux, sans même y faire attention.

La menstruation *normale* dure trois ou quatre jours; la quantité moyenne de sang écoulé est de 150 à 200 grammes. Mais cette régularité est fort rare; car la durée du flux menstruel et sa quantité sont très variables : Il est des femmes qui perdent beaucoup et pendant sept à huit jours; d'autres, au contraire, perdent peu et l'écoulement ne dure que deux ou trois jours; — chez celles-ci, les règles sont, chaque mois, en avance de quelques jours, tandis que celles-là éprouvent un retard ; il n'y a point de régularité parfaite. — La durée et la quantité de l'écoulement dépendent du tempérament, de l'état de santé, de la condition sociale, etc ; mais, ces variations, ces irrégularités ne sont point un obstacle à la fécondation ; les obstacles, n'existent que dans les cas d'aménorrhée, d'imperfections ou d'infirmités génitales cités plus haut, et nous avons dit que ces infirmités exigeaient les secours de l'art médico-chirurgical pour être combattues victorieusement. Dans les mariages où l'infécondité dépend des rapprochements sexuels fait en *temps inopportun*, il est très facile d'y remédier en se conformant aux préceptes indiqués au chapitre des JOURS FASTES ET NÉFASTES de cet ouvrage.

SECTION II

FÉCONDATION DE L'ŒUF HUMAIN

Les phénomènes qui précèdent et accompagnent la fécondation, sont des plus intéressants et des plus curieux à connaître ; nous les exposerons en quelques lignes.

L'ovulation précède toujours la *fécondation* et détermine la *menstruation* ou règles.

La fécondation ne peut s'opérer que sur des œufs arrivés à leur maturité ; à ce moment l'œuf brise son enveloppe, se détache de l'ovaire et s'engage dans l'oviducte.

La fécondation ne s'opère point dans la matrice, ainsi qu'on l'avait cru bien longtemps ; c'est dans l'oviducte qu'elle a lieu, et voici comment :

Le coït, avec émission de sperme, étant pratiqué à l'époque de la maturité de l'œuf, c'est-à-dire deux ou trois jours avant les règles, pendant leur durée, et deux ou trois jours après, un ou plusieurs animalcules spermatiques, nageant dans le fluide fécondant aspiré par la matrice, gagnent instinctivement l'orifice utérin de l'oviducte dans lequel ils s'introduisent ; puis, ils montent lentement jusqu'à l'extrémité supérieure de ce conduit. (On estime de 15 à 20 heures le temps qu'ils mettent à y arriver). Si, pendant cette ascension, ils rencontrent l'œuf, aussitôt ils s'accrochent à lui, pénètrent dans son intérieur, s'y meuvent en tous sens et disparaissent dans le jaune avec lequel, probablement, ils se combinent pour former la vésicule germinative. — Dans le cas ou les zoospermes n'ont point rencontré d'ovule dans les oviductes, ils l'attendent au passage et le fécondent en pénétrant dans sa substance, comme nous venons de le dire. — L'œuf ainsi fécondé, continue sa marche descendante, très-lente, car on estime qu'il met de trois à six jours pour descendre de l'ovaire à la matrice. Pendant ce trajet, l'ovule s'enveloppe d'une couche albumineuse qui se confondra bientôt avec une membrane éphémère formée dans la matrice.

Voici maintenant les phénomènes qui se passent dans l'utérus, coïncidant avec ceux de l'ovulation.

A la suite d'un coït fécondant, les zoospermes déterminent une excitation spéciale de la membrane muqueuse utérine; sous l'influence de cette excitation, la membrane sécrète abondamment une humeur *séro-albumineuse* qui, s'épaississant peu à peu, finit par former une couche continue, s'étendant sur toute la cavité de la matrice. Le nom de *membrane caduque* ou *épichorion* a été donné à cette couche albumineuse densifiée. La membrane caduque précède la descente de l'ovule dans la matrice; de telle sorte que l'ovule arrivé à l'extrémité inférieure de l'oviducte, trouve l'orifice de ce conduit bouché par la *caduque*. Mais la nature, si prévoyante dans ses œuvres, imprime une nouvelle force à l'ovule qui franchit le passage, en repoussant devant lui l'obstacle. Cette portion de la membrane repoussée s'accole à l'ovule et devient le feuillet fœtal ou caduque réfléchi qui, plus tard, doit disparaître entièrement.

La membrane caduque est le premier point de jonction de l'œuf à la matrice; vient ensuite le *placenta*, dont les nombreux vaisseaux sanguins établissent, avec ceux du cordon ombilical, la principale connexion entre la mère et son fruit.

CHAPITRE VI

GROSSESSE

ÉVOLUTIONS DE L'ŒUF HUMAIN PENDANT SA VIE INTRA-UTÉRINE

Nous allons décrire succintement les évolutions de l'œuf, et les transformations qu'il subit dans le sein de la mère.

Du moment que l'œuf s'est attaché à la paroi intérieure de la matrice, toute la masse grumeleuse qu'il contient (le *vitellus*) se divise en deux cellules; un mouvement vital se fait ensuite remarquer dans ces cellules, qui s'élargissent et se fusionnent en une membrane nommée *blastoderme*. Bientôt on aperçoit, sur un point de cette membrane, une petite saillie se former; c'est la *tache embryonnaire*, premier rudiment de l'être humain.

Du dixième au vingtième jour la membrane blastodermique se dédouble en deux feuillets : le premier, destiné à envelopper l'embryon, formera bientôt l'*amnios*, sac rempli d'un liquide dans lequel sera suspendu le fœtus. — Le second feuillet formera la *vésicule ombilicale* et la *vésicule allantoïde* de laquelle sortira le *placenta*. (Nous sommes forcés de nous servir de ces termes scientifiques, peu connus des gens du monde, n'en trouvant point d'autres pour les remplacer.)

Du vingtième au trentième jour, l'embryon prend la forme d'un petit *vers*, roulé en demi-cercle; il mesure 6 millimètres de longueur et se compose d'une masse gélatineuse grisâtre. Sa tête commence à se dessiner vers la fin du quatrième septenaire.

Avant d'aller plus loin, nous croyons nécessaire, surtout pour les femmes, de faire connaître les enveloppes de l'embryon.

Longueur de l'embryon : — 3 centimètres. — Poids : 30 grammes.

L'œuf humain, descendu dans la matrice, est bientôt enveloppé dans un sac composé de trois enveloppes : l'*amnios*, le *chorion* et l'*épichorion* ou membrane caduque.

La première enveloppe, la plus intérieure, est l'AMNIOS, membrane séreuse qui doit fournir l'eau dans laquelle nagera le fœtus; elle recouvre le *placenta*, entoure le cordon ombilical et s'arrête à l'ombilic du fœtus, où elle s'unit à la peau.

La deuxième enveloppe, le CHORION, est une membrane celluleuse dépourvue de nerfs et de vaisseaux : elle est accolée à l'amnios; son usage serait d'augmenter la résistance de l'amnios qui forme la poche des eaux.

La troisième enveloppe, la plus extérieure, est l'ÉPICHORION ou membrane caduque, ainsi nommée parce qu'elle disparaît dans les premiers mois de la grossesse.

Le PLACENTA ou *délivre*, s'offre sous la forme d'une masse molle, spongieuse, composée de vaisseaux sanguins dont les nombreuses ramifications ont été comparées aux racines chevelues ou aux nervures de certaines feuilles; cette masse est plate, ovalaire et adhérente à la matrice; elle constitue la principale connexion entre l'œuf et l'utérus. Ce sont les vaisseaux sanguins du *placenta* qui fournissent au fœtus les sucs nourriciers, et qui reprennent les résidus inutiles à la nutrition.

Le CORDON OMBILICAL commence au placenta et se termine à l'ombilic du fœtus; il est formé de vaisseaux sanguins, engaînés dans le prolongement de la membrane *amnios*. C'est un double tube de conduite du sang de la mère à l'enfant et de l'enfant à la mère. Le cordon, très-court, dans le principe, a acquis, au moment de la naissance, une longueur de 50 centimètres.

Deuxième mois. — La tête de l'embryon se sépare du corps; le cerveau et la moelle commencent à se former; — deux points noirs indiquent la place des yeux. — Les membres sortent du tronc, semblables à des bourgeons. — L'*amnios* s'est rempli de liquide. (*Eaux de l'amnios.*) Le sexe ne se distingue pas encore : le *clitoris* et le *pénis* affectent la même forme. — Le cordon ombilical se trouve à la partie inférieure du ventre.

Troisième mois. — La tête qui, au mois précédent, égalait la moitié du corps, n'en forme plus que le tiers. — Les paupières se développent et, derrière elles, se dessine le globe de l'œil. — Les mâchoires prennent de la consistance et se rapprochent. — Les membres poussent et se détachent du tronc. — Le placenta arrive à son entier développement. — Le *cordon ombilical* a gagné en longueur; il commence à se contourner en spirales. — La membrane caduque a disparu. Enfin, pendant ce mois et la première semaine du mois suivant, les enveloppes de l'embryon se complètent et n'éprouveront désormais d'autre changement qu'une augmentation de volume.

Longueur : — 10 centimètres. – Poids : 70 à 80 grammes.

Quatrième mois. — Toutes les parties de l'embryon sont nettement accusées; la tête a perdu de sa grosseur disproportionnée; les membres qui l'enveloppent sont au complet; la peau a pris de la consistance, sa teinte est rougeâtre : — les paupières sont encore adhérentes; le nez est encore écrasé; la langue forme un petit mamelon dans la cavité buccale. — Les ongles ont poussé; — le cordon ombilical s'élève un peu au-dessus du pubis, et l'on aperçoit quelques mouvements instinctifs de l'embryon qui, de ce moment, se nommera *fœtus*.

On commence à distinguer le sexe.

Longueur : — 15 à 18 centimètres. — Poids : 160 à 200 grammes.

Cinquième mois. — La tête se régularise; elle n'a plus que le quart de la hauteur du corps; la peau se couvre d'un léger duvet; la face se rapproche de celle du fœtus à terme; le sexe est tout à fait distinct; le cordon ombilical s'éloigne de plus en plus du pubis.

Longueur : — 20 à 25 centimètres. — Poids : 300 à 400 grammes.

Sixième mois. — Le développement de tous les organes marche avec rapidité; le crâne et l'arcade sourcilière se couvrent de poils; les ongles se solidifient; le cordon ombilical se rapproche du milieu de l'abdomen.

Longueur : — 30 à 35 centimètres. — Poids : 550 à 700 grammes.

Septième mois. — C'est généralement à cette époque de la grossesse que toutes les parties du fœtus prennent plus de consistance et se proportionnent; que les formes se régularisent et les contours s'arrondissent — Les paupières s'ouvrent à demi; la membrane qui cachait la pupille disparaît. La peau abandonne sa couleur rougeâtre pour une teinte rosée. — La descente des testicules dans les bourses commence à s'effectuer.

Longueur : — 35 à 45 centimètres. — Poids : 1,200 à 1,500 grammes.

Huitième mois. — Le fœtus avance toujours vers son perfectionnement. Les testicules s'engagent dans les bourses, et le pénis a acquis la forme qu'il doit conserver. — La matrice et le vagin sont également formés ; on aperçoit les rudiments des petites lèvres et du clitoris ; la vulve reste béante.

Longueur : — 45 à 50 centimètres. — Poids : 2,000 à 2,200 grammes.

Neuvième mois. — Le fœtus est arrivé à son entier développement ; ses organes sont formés, ses membres pleins et arrondis. Le cordon ombilical occupe le milieu du ventre. — L'ossification s'achève ; les muscles sont plus gros et plus rouges, les tendons plus solides et les fesses plus rebondies. — Les testicules occupent leur place dans le scrotum. — Les grandes lèvres ferment la vulve. — Le fœtus se prépare à quitter le corps de la mère.

EXPULSION DU FŒTUS

LIMITES DE LA GROSSESSE

C'est généralement vers la fin du neuvième mois de la grossesse que l'accouchement *naturel* a lieu; cependant, cette époque peut être devancée ou retardée. — L'expulsion du fœtus au septième et huitième mois est un accouchement *prématuré;* l'enfant est, néanmoins, *viable.*

Quelquefois, mais rarement, la parturition peut avoir lieu vers la fin du 10e mois de la grossesse. C'est pourquoi la loi accorde la légitimité à l'enfant posthume, c'est-à-dire né dix mois après la mort de l'époux.

Les naissances avant six mois de grossesse, sont classées parmi les *avortements*; le fœtus n'étant point né viable; à 7 et 8 mois, *naissances précoces.* — Après 9 mois, *naissances tardives.*

SECTION II

LE FŒTUS

COMMENT IL SE NOURRIT DANS LE SEIN DE SA MÈRE

Le *placenta*, ainsi que nous l'avons dit plus haut, est une masse molle, formée de vaisseaux sanguins qui s'abouchent aux artères et aux veines du cordon ombilical. Nous savons que ce cordon est un tube de conduite, apportant le sang de la mère à l'enfant, et réciproquement de celui-ci à la mère. Or au moyen du *placenta* et du cordon ombilical, le sang artériel de la mère apporte au fœtus les sucs nourriciers, et le sang veineux du fœtus, contenant des principes hétérogènes inassimilables, est rapporté à la mère qui, en échange, lui renvoie un sang oxigéné, c'est-à-dire propre à l'entretien de sa vie. En d'autres termes, ce double mouvement circulatoire entre la mère et son fruit, a pour but l'échange d'un sang privé d'oxygène. — On peut strictement comparer cette transformation chimique du sang de l'embryon à celle qui a lieu dans l'acte de la respiration. L'air qui entre dans nos poumons, à chaque inspiration, laisse au sang son oxygène, et en ressort à chaque expiration, chargé d'acide carbonique.

SECTION III

PARTURITION OU ACCOUCHEMENT

L'accouchement est l'expulsion, à terme, du fœtus de la matrice.

En vertu d'une loi qu'on pourrait dénommer *loi de maturité*, tout fruit mûr se sépare du corps qui l'a produit : — La graine s'échappe du péricarpe, le fruit se sépare de la branche; de même l'ovule humain se détache de l'ovule et tombe dans la matrice. — Devenu fœtus et arrivé à terme, il se sépare de la mère.

L'expulsion du fœtus par les seuls efforts de la nature constitue l'accouchement *naturel;* lorsque par un vice de constitution, une faiblesse organique ou toute autre cause, on est forcé d'avoir recours aux moyens mécaniques pour retirer l'enfant de la matrice, l'accouchement est dit *artificiel.*

La facilité de l'accouchement ne tient ni à la taille, ni à la vigueur de la femme, elle dépend de la contractilité de l'utérus, de la dilatation de son col et du volume qu'offre le fœtus. — La femme à hanches largement évasées, accouche plus facile que la femme à hanches étroites; la femme active que la femme sédentaire. — La femme qui n'a point déformé la base de sa poitrine par des corsets ou des ligatures, accouchera sans peine et facilement; tandis que ce sera le contraire pour la femme qui aura mis son triste amour propre dans une taille de guêpe.

SECTION IV

SUPERFÉTATION

Ce mot signifie fécondation d'un second ovule, quelque temps après la fécondation d'un premier ovule, déjà greffé sur la matrice. En d'autres termes : fécondation d'un ovule, lorsque la matrice contient déjà un embryon en voie de croissance. On peut encore se servir du mot *surconception.*

Les fécondations qui ont lieu à quelques heures ou à quelques jours de distance, sont faciles à comprendre :

Exemples : Une négresse accouche le matin d'un nègre, et le soir ou le lendemain d'un mulâtre. Il est clair que le premier coït a été exercé par un nègre et le second par un blanc. Deux ovules ont été fécondés, l'un après l'autre. Une femme blanche accouche aujourd'hui d'un blanc et demain d'un mulâtre; elle a positivement subi deux coïts, le premier avec un blanc, et le second avec un nègre.

Ces deux femmes avouent que les choses se sont passées ainsi; donc, point de difficultés.

Mais, lorsqu'une femme, après un premier accouchement d'un enfant à terme, accouche deux, trois ou quatre mois, plus tard, d'un autre enfant également arrivé à terme, ici le cas est différent; on est forcé d'en chercher la raison dans la conformation des organes sexuels de la femme, et l'on trouve à l'autopsie, quand elle a lieu, une matrice *bilobée*, c'est-à-dire séparée en deux parties.

La première fécondation s'est effectuée sur un ovule qui, après avoir franchi l'oviducte, s'est greffé sur la paroi de l'un des compartiments utérins.

La seconde fécondation, opérée quelques mois plus tard, sur un autre ovule, est venu se greffer sur la paroi de l'autre compartiment.

Telle est la vraie cause des superfétations et accouchements à de longs intervalles.

Voyez notre *Histoire naturelle de l'homme et de la femme*, depuis leur naissance jusqu'au terme naturel de la vie; ouvrage expliquant les diverses métamorphoses que peut subir l'organisation humaine.

SECTION V

GROSSESSE EXTRA-UTÉRINE OU VENTRALE

On entend par ces mots le développement du fœtus, hors de la matrice, sur un point de la cavité ventrale. — Les physiologistes, non expérimentateurs, qui soutiennent que la fécondation peut s'opérer dans l'ovaire, citent à l'appui de leur opinion, les grossesses extra-utérines. Mais, ces sortes de fécondations, d'une rareté extrême, sont des accidents et prouvent que les fécondations tubaires ou dans l'oviducte, sont les seules normales. Voici comment les choses se passent :

Le coït ayant eu lieu à l'époque de la maturité de l'œuf, les spermatozoaires qui se sont introduits dans l'oviducte, attendent l'ovule à son passage. Par une circonstance inappréciable, la sortie de l'ovule est retardée; le pavillon de l'oviducte reste pendant quelque temps abouché à l'ovaire; les animalcules spermatiques franchissent le pavillon, entrent dans l'ovaire et pénètrent dans l'œuf mûr. L'éréthisme de l'oviducte venant à cesser, son pavillon abandonne l'ovaine et reprend sa situation ordinaire; l'ovule fécondé ne trouvant plus le conduit qui doit le transmettre à la matrice, tombe dans la cavité du ventre. Là, il s'attache soit au mésentère, soit sur un point du péritoine et s'y développe comme s'il était dans la matrice. Mais, la durée de la grossesse extra-utérine n'étant que de trois à quatre mois au plus, le fœtus meurt par défaut de nutrition.

La mort du fœtus amène presque toujours une série d'accidents des plus graves : syncopes, lépothymies, douleurs atroces, fièvre brûlante, et la malheureuse femme succombe ordinairement en quelques jours, et d'autres fois en quelques heures, à une violente péritonite.

Il est des cas très-rares, où le fœtus se durcit, devient kysteux, ou encore se transforme en adipocire; il s'enveloppe alors d'une couche fibreuse, revêt tous les caractères d'une tumeur indolente, et peut rester des années entières dans la même situation, sans compromettre les jours de la femme. Mais, nous le répétons, ces cas sont infiniment rares.

SECTION VI

AVORTEMENT (fausse couche)

L'avortement est l'expulsion du fœtus avant qu'il soit viable, autrement dit, avant qu'il n'aît acquis le développement nécessaire à la vie extra-utérine.

Les causes de l'avortement sont de deux sortes; les unes proviennent de la mère, les autres sont inhérentes à l'œuf, à l'embryon, au fœtus.

Les premières, très-nombreuses, sont décrites

dans les ouvrages qui traitent des accouchements; nous ne citerons que les plus communes. — Chez les jeunes femmes *primipares*, (qui accouchent pour la première fois), la matrice n'a pas encore acquis la force et les qualités indispensables à la nutrition et aux diverses évolutions du fœtus, l'avortement est à craindre. Il en est de même pour les femmes dont les règles sont trop abondantes et de longue durée. — Sont également sujettes aux fausses couches les femmes pléthoriques, faisant usage d'aliments succulents et trop copieux; — les femmes trop grasses; — les lymphatiques, hystériques, rachitiques ; — celles qui sont atteintes de maladies de matrice ou de ses annexes; — les hémorrhagies utérines et les flueurs blanches excessives, etc. — Les contusions, les chocs sur le ventre, les exercices violents, les chûtes, etc. — Les mouvements impétueux de l'âme, tels que les accès de colère, les chagrins, les accès de joie subite, les vives émotions; enfin, toutes les passions excessives sont des causes d'avortement.

Plusieurs médecins, entre autres le docteur Lebon, dans son intéressant ouvrage sur la génération, ont signalé, comme cause d'avortement, le coït sans précautions, pendant les premiers mois de la grossesse. — La pression sur l'abdomen de la femme, doit nécessairement y contribuer, mais nous croyons que le spasme vénérien (chez les femmes ardentes), en est la cause principale.

Le spasme complet, chez ces femmes, retentit sur tout le système génital; du clitoris il se communique au vagin et du vagin à la matrice; or, pendant cet ébranlement général, la matrice éprouve des contractions plus ou moins violentes qui doivent nécessairement agir sur l'embryon à peine formé. Pour peu que ces contractions se renouvellent, le faible lien qui attache l'embryon à la matrice se brise; il survient une petite hémorrhagie qui simule les règles; l'embryon est expulsé avec elles. — La femme n'y prête aucune attention; elle prend cette expulsion pour un caillot de sang et se persuade qu'elle n'était pas enceinte, et cependant elle a avorté.

On signale comme causes morales de l'avortement, les mouvements impétueux de l'âme, les accès de colère et de joie immodérée, les chagrins, les émotions vives, enfin toutes les passions portées à l'excès.

Les causes du second genre existent dans l'œuf et le fœtus. Les maladies de l'œuf et de ses enveloppes; celles de l'embryon, du fœtus et du cordon ombilical. L'embryon, le fœtus provenant d'un œuf défectueux, malade ne saurait vivre : il est voué à la mort dans le sein de sa mère.

Les observations de tous les praticiens-accoucheurs se réunissent pour affirmer qu'une fausse couche en amène une autre; que deux fausses couches en font craindre une troisième, et que plus une femme a éprouvé d'avortements, moins elle peut espérer une grossesse à terme.

Parmi les causes extérieures que nous venons de signaler, beaucoup de médecins pensent, avec raison peut-être, que le coït, à une époque avancée de la grossesse peut occasionner un *part* prématuré, une couche avant terme. D'autres, au contraire, prétendent, avec Aristote et Dionis, que le coït, avec certaines précautions pour ne point froisser l'abdomen tendu de la femme, excitait la sécrétion vaginale et rendait la sortie de l'enfant plus facile. Lesquels croire? C'est aux femmes de décider.

§ I

Moyens préservatifs de l'Avortement

L'observation des règles de l'hygiène est, ici, d'un grand secours. — Eloigner les influences physiques et morales qui peuvent retarder, compromettre ou arrêter le travail de la grossesse, et rechercher celles qui doivent lui être favorables. — Les femmes sanguines, pléthoriques adopteront un régime délayant; les femmes nerveuses, irritables un régime calmant. Les unes et les autres s'abstiendront de mets et de boissons excitantes. — Les femmes lymphatiques suivront un régime tonique, stimulant même, afin d'activer leur nutrition intimément liée à celle de leur fœtus. — Les bains et quelques légers antispasmodiques seront utiles aux femmes sèches, bilieuses pour combattre la rigidité des fibres de la matrice et assouplir son tissu. — La saignée est un des meilleurs moyens pour prévenir l'avortement, chez les femmes sanguines qui sont sujettes à des congestions aux époques des règles, mais elle ne doit être pratiquée que d'après l'ordonnance du médecin. — Les théâtres, concerts, soirées et autres réunions publiques sont sévèrement proscrites. — Les promenades, les voyages d'agrément sans fatigues, les douces distractions leur seront salutaires. — Enfin, l'on ne saurait trop répéter aux femmes prédisposées aux fausses couches, de fermer l'oreille aux charlatans et aux commères et de n'écouter que les conseils du médecin.

SECTION VII

ENFANTS NATURELS

ENFANTS DE L'AMOUR

Parmi les enfants naturels, c'est-à-dire provenant d'unions non légitimées par la loi, il y a une importante distinction à faire. Cette distinction est basée sur les qualités physiques et morales des procréateurs, sur les circonstances où ils se trouvaient au moment du coït et après la fécondation.

§ II

Enfants de l'Amour (1re CATÉGORIE)

L'homme et la femme au printemps de la vie, jouissant d'une bonne santé, sont attirés l'un vers l'autre par une irrésistible sympathie; ils s'adorent.... Dans un moment de fièvre d'amour ils oublient les devoirs qu'impose la société, et cèdent au penchant qui les entraîne.... La fécondation a lieu..... L'enfant qui naîtra de cette étreinte passionnée, héritera, très-probablement, des qualités physiques et morales des auteurs de ses jours, si rien ne vient entraver la marche de la nature.

Tous les physiologistes, Hippocrate et Aristote en tête, ont émis l'opinion que, sous l'empire de l'exaltation momentanée de toutes les puissances de l'être par l'amour, la fécondation donnait, en général, de beaux fruits.

—

§ III

Enfants naturels (2e CATÉGORIE)

Si nous passons aux enfants engendrés par ces masses d'individus de basse classe qui ne recherchent la femme que pour satisfaire l'instinct brutal, qui la caressent sans amour et la quittent sans vergogne, la scène change au désavantage de la progéniture. Ces unions illicites dont fourmillent les grandes villes, centres de corruption où les jeunes filles ne pouvant vivre de leur travail, se laissent séduire par des hommes qui, le plus souvent, les accablent de sévices ou les abandonnent; ces mariages bâtards qui se forment dans les ateliers, ne peuvent que fournir des enfants généralement faibles de corps et de santé, dont la plupart, nés à peine, vont mourir chez la nourrice.

Il faut lire le livre de M. Jules Simon, intitulé l'*Ouvrière*, œuvre d'un profond philosophe, pour comprendre toutes les tribulations, toutes les souffrances d'une pauvre jeune ouvrière enceinte et abandonnée par le misérable qui l'a séduite.... Quelquefois, dans un moment de défaillance, dans un accès de désespoir, elle a recours au suicide.... Plus souvent l'instinct de la maternité lui inspire de l'énergie et relève son courage.... ; elle vivra pour son enfant. Alors, elle travaille sans relâche, et prend, sur son sommeil, des heures pour prolonger ce travail de femme si peu rétribué..... Elle use ses forces à la peine, se nourrit mal, se fatigue et sa santé se perd de jour en jour.... La malheureuse, qu'elle est à plaindre!

Mais, cette détresse physique n'est rien encore, si on la compare à la détresse morale. Abandonnée parce qu'elle est enceinte; déchue parce qu'elle a aimé; on lui jette le blâme au lieu de la plaindre et de lui venir en aide. — Les douces joies de la jeune mère, si glorieuse de son premier né, ne seront point pour elle.... Craintive, honteuse, sans appui, elle dévore en silence les amertumes de sa situation.... et c'est ainsi que, de tristesse en tristesse, elle attend le jour de sa délivrance.

Hélas! pauvre jeune fille, au lieu du bonheur que te promettait l'avenir, tu n'auras que des regrets...

Nous répondrons aux auteurs qui ont écrit que les enfants naturels étaient favorisés au physique et au moral. — Comment voulez-vous que des filles-mères, ayant passé leur grossesse en d'aussi tristes conditions, puissent donner de beaux fruits? Ce n'est guère possible. Le fœtus qui a été pétri de matériaux insuffisants et de mauvaise qualité, ne saurait arriver à la vie avec une riche constitution; c'est le contraire qui a lieu.

Nous leur dirons encore à ces auteurs : et les lois de *l'hérédité physiologique*. vous les oubliez? — Vous n'ignorez pas, cependant, que la plus grande partie des enfants naturels sont issus de parents vicieux, dépravés, portant presque toujours, en eux, une tare physique ou morale, qu'ils transmettent à leur progéniture. Et vous pensez que de tels enfants sont favorisés de corps et d'esprit? Evidemment c'est une erreur causée par un défaut d'observation. Ou bien, vous avez voulu parler de ces vrais enfants de l'amour, issus de la classe aisée et intelligente de la société; mais, ces derniers ne sont qu'une très-minime fraction du chiffre énorme que fournissent les enfants naturels de la deuxième catégorie.

De récentes statistiques ont dévoilé le chiffre effrayant de la mortalité parmi les enfants illégitimes. Des médecins philantropes ont signalé, à haute voix, ces faits affligeants pour notre siècle de progrès, et demandé au gouvernement qu'il prît des mesures pour mettre un terme à ces hécatombes de nouveaux-nés.

CHAPITRE VII

DE L'ACTE GÉNITAL

CONSIDÉRÉ PHYSIOLOGIQUEMENT

Le rapprochement des sexes est toujours provoqué par le désir vénérien.

Lorsque l'individu a franchi la limite qui sépare l'adolescence de la puberté, l instinct génital naît, se développe, et, avec lui, des désirs, des besoins nouveaux; alors les sexes opposés se recherchent.

Chez les femelles d'animaux, le besoin génital se manifeste par la turgescence et le suintement des parties sexuelles; mais à une époque de l'année seulement : c'est le temps du *rut.* — Dans la famille humaine, les désirs et besoins naissent en toute saison; ils travaillent plus particulièrement l'homme que la femme; en exceptant toutefois, pour cette dernière, les jours qui précèdent et suivent les menstrues; car, pendant ces jours, il existe une turgescence génitale accompagnée de désirs, chez les unes, et d'indifférence sur les autres. Passé ce temps, le besoin génital se tait et s'il reparaît, dans cet intervalle, c'est l'imagination qui agit, c'est la passion d'amour qui sollicite le rapprochement sexuel.

Lorsque, pressé par l'instinct génital, on suit sagement son impulsion, c'est-à-dire on use avec modération des plaisirs qu'il procure, les résultats sont favorables à la santé, parce qu'il est aussi naturel de satisfaire les besoins génitaux que les besoins de l'estomac; mais, quand ces besoins sont créés par une imagination libertine, les résultats, loin d'être salutaires à l'économie, lui sont, au contraire, fort nuisibles, par l'énorme déperdition de fluide nerveux que le spasme vénérien occasionne.

Pendant la jeunesse, cette époque de la vie où les forces vitales croissent, débordent et se renouvellent incessamment, le contact sexuel est presque toujours sollicité par l'instinct génital qui excite au plaisir. Cette question trouvera sa place autre part; ici nous ne traiterons de l'acte vénérien que sous le rapport du résultat, c'est-à-dire de la procréation.

§ I

De l'Acte génital ayant pour but la fécondation

Considéré au point de vue des êtres procréés, cet acte a beaucoup plus d'importance qu'on ne le croit généralement. En effet, il s'agit de la fécondation d'un œuf humain, qui doit donner le jour à un être appelé, plus tard, à remplir un rôle dans la société. — Les conditions bonnes ou mauvaises dans lesquelles cette fécondation aura été opérée, porteront leur influence sur l'organisation physique et morale de l'être futur. C'est donc une très-grave responsabilité de la part des procréateurs, envers l'enfant et la société.

Lorsque la fécondation a lieu dans des circonstances favorables, de parents sains et de conduite régulière, l'enfant bénéficie du bon état physique et moral de ses procréateurs. — Dans le cas contraire, lorsque les procréateurs sont débiles, malingres, épuisés par des excès, leur progéniture se ressent nécessairement de leur état de dégradation. Les statistiques médicales démontrent que ces enfants chétifs, malingres, déviés, contrefaits, dont abondent les capitales, et que la mort moissonne par centaines, n'ont pas d'autre origine.

L'acte génital est, nous le répétons, de la plus haute importance ; nous ne saurions trop recommander aux époux, dans leur propre intérêt et dans celui de leur progéniture, d'y prêter une sérieuse attention.

§ 11

Le Plaisir vénérien, chez la Femme, n'est pas une condition indispensable à la fécondation

Quelques physiologistes ont émis l'opinion que les femmes voluptueuses concevaient plus facilement que les femmes indifférentes; mais, d'autres physiologistes sont venus leur démontrer, par des faits, aussi nombreux qu'incontestables, qu'en général, les femmes froides, lymphatiques, indifférentes, étaient plus fécondes que les femmes nerveuses, passionnées, ardentes. En effet, la presque totalité des fécondations s'opèrent sans que la femme éprouve le spasme vénérien; et cela, parce que la plupart des hommes cherchent à satisfaire un besoin, sans s'inquiéter si la femme éprouve le même besoin, et si ses organes sont arrivés à cet état d'excitation d'où jaillit le plaisir. Il en résulte que l'homme a toujours fini avant que la femme ait commencé; ce qui n'empêche pas la fécondation de s'effectuer. J'ai reçu la confidence de beaucoup de femmes mariées depuis 15 ou 20 ans et mères de plusieurs enfants, qui m'ont avoué n'avoir éprouvé que très-rarement le plaisir sexuel avec leurs maris. Evidemment, la faute en était à ces derniers, par la raison que nous venons de donner.

Trop d'ardeur ou trop d'indifférence en amour, nuisent également à la fécondité; les excès du coït lui sont des plus nuisibles; c'est pourquoi les prostituées sont, en général, stériles. L'excitation continuelle de leurs parties sexuelles, finit par les rendre atoniques; le conduit vulvo utérin s'élargit, perd la contractilité nécessaire pour retenir le fluide spermatique et le diriger dans la matrice; ce fluide, après chaque copulation, est rejeté au dehors.

D'après les observations du docteur Marc, membre de l'Académie de médecine, et de Parent-Duchatelet, auteur d'un ouvrage sur la prostitution dans la ville de Paris, mille prostituées, dans cette capitale, ne produisent pas plus de trois à quatre enfants, par an. Mais, lorsque les filles de joie cessent, pendant quelque temps, leur commerce, beaucoup d'entr'elles deviennent enceintes à la première copulation. Les prostituées que les Anglais envoient à Botany-Bay, retrouvent la fécondité qu'elles avaient perdue dans leur pays natal.

Ces faits prouvent péremptoirement que l'abus continue du coït, est une cause de stérilité temporaire et que la stérilité cesse avec l'abus.

CHAPITRE VIII

DE LA PROCRÉATION MALE ET FEMELLE.

Depuis l'antiquité jusqu'à nos jours, la question de la fécondation mâle et femelle a été l'objet des travaux d'une foule de savants, sans avoir été positivement résolue (1).

Pendant le moyen âge et la renaissance les théories sur la génération se multiplièrent tellement que, vers la fin du XVIIe siècle, on en comptait plus de trois cents!... Les unes peu ou point sérieuses; les autres tout à fait fantaisistes, et ne valant pas la peine qu'on s'y arrêtât. — Pendant le XVIIIe siècle, plusieurs théories, basées sur des recherches anatomiques et microscopiques furent admises et bientôt renversées par d'autres qu'on croyait plus près de la vérité. De toutes ces théories sept seulement sont restées

(1) Le chiffre de ces savants, tant anciens que modernes, s'élève au-dessus de 1.200!... Les lecteurs qui désireraient en connaître les noms, pourront consulter la *Physiologie de Burdach*.

debout, et sont toujours le sujet de mille objections et discussions :

L'*ovisme* — le *spermatisme* — la *syngénèse* — l'*épigénèse*, la *métamorphose*, la *préformation* et la *postformation*. (Voyez un traité de physiologie, pour l'explication de ces mots ; ici nous écrivons pour les gens du monde).

Aujourd'hui la même question est encore sur le tapis ; mais, grâce à quelques savants physiologistes, on est en droit d'espérer qu'on arrivera, peut-être, à une solution définitive. Les mathématiciens-astronomes sont bien parvenus à découvrir le merveilleux système de l'univers ; pourquoi les physiologistes ne découvriraient-ils pas la cause des fécondations mâles et femelles ? Nous n'y voyons aucune impossibilité. La nature cache ses secrets, l'homme curieux cherche incessamment à les découvrir, et souvent il y parvient. — Déjà l'éminent physiologiste POUCHET a formulé les lois de la formation et de l'évolution de l'œuf humain. — Précédemment, un expérimentateur habile, GIROU de BUZAREINGUES, rajeunissant et complétant la théorie que professait l'école hippocratique, a mérité les éloges de l'illustre CUVIER, qui a résumé ses travaux en ces termes :

« Des expériences curieuses, non-seulement pour l'agriculture, mais pour la physiologie générale, sont celles de M. GIROU de BUZAREINGUES, sur la procréation des sexes. — C'est du plus ou lu moins de vigueur comparative des individus qu'on accouple, que dépend le sexe du produit. — Si l'on veut avoir plus de femelles, il faut employer des mâles jeunes et des femelles dans l'âge de la force, et nourrir celles-ci plus abondamment que ceux-là. — Il faut faire l'inverse si l'on veut avoir des mâles. »

Des faits assez nombreux militent en faveur de cette théorie ; mais, les exceptions, non moins nombreuses que les faits, ont été cause de son abandon, après, toutefois, en avoir extrait ce qu'elle renfermait de bon. Nous allons exposer, dans le chapitre suivant, la théorie que les physiologistes de notre époque ont adoptée, comme la plus avancée, et qui, néanmoins, n'est pas le dernier mot du mystère.

SECTION I

THÉORIE

DE LA PRÉDOMINANCE GÉNITALE

D'après cette théorie, la cause de la détermination sexuelle de l'embryon existe dans la force absolue de l'appareil génital de l'un des auteurs, et non dans sa force musculaire, ainsi qu'on le croit généralement. On voit tous les jours des

Hercules n'engendrer que des filles, et des femmes chétives n'engendrer que des garçons.

L'homme transmet avec d'autant plus de facilité son sexe à l'enfant, que les attributs de sa masculinité sont plus développés, plus complets, et que la force génitale de sa femme sera moins développée, plus faible.

La femme transmet d'autant plus facilement son sexe à l'enfant, que les attributs de la féminité sont, en elle, plus développés, plus complets et que la force génitale de son époux est plus faible, comparée à la sienne. — En d'autres termes: celui des deux conjoints dont la puissance génitale l'emporte sur celle de l'autre, donne son sexe à l'enfant.

Les observations et les faits militent en faveur de cette loi physiologique qui n'aurait d'exception que dans les cas infiniment rares, où les deux procréateurs, homme et femme, sont parfaitement égaux en force génitale ?

On voit des mariages qui ne produisent que des filles, comme aussi on en voit d'autres qui ne donnent que des garçons. — La plus légère attention fera découvrir que, dans les premiers, la masculinité de l'homme est au-dessous de la feminité de la femme; et, dans les seconds, que la féminité de la femme est au-dessous de la masculinité de l'homme.

Ces faits s'accordent avec les théories de plusieurs auteurs sérieux qui ont écrit sur la génération. — Bailly et Wolstein ont toujours vu les hommes à constitution délicate et nerveuse, engendrer des enfants mâles, lorsqu'ils étaient mariés à des femmes fortement musculées, à des viragos tenant plutôt de l'homme que de la femme. — Girou de Buzarcingues a remarqué vingt fois sur une, que les hommes robustes, de constitution athlétique, mariés à des femmes frêles et délicates, donnaient le jour à des filles, parce que la puissance génitale de celles-ci l'emportait sur la force génitale de ceux-là.

C'est ainsi qu'aurait lieu la détermination des sexes et dans l'espèce humaine et chez les animaux ; lorsqu'il y a déviation à cette loi, il faudrait en chercher la cause dans les altérations et mutations survenues à la puissance génitale; exexemple : — Tel homme, organisé pour procréer des garçons, a eu de sa femme 2, 3 ou 4 enfants mâles; le cinquième et le sixième sont des filles. Pourquoi cette interruption ? — Par la simple raison que la force génitale de cet homme a éprouvé une altération, soit par des fatigues physiques ou morales, soit par des indispositions, des maladies ou tout autre cause Sa force génitale a baissé tandis que celle de sa femme est restée intacte, ou bien s'est élevée au-dessus de celle de son mari ; conséquemment elle a donné son sexe à l'enfant.

Dans la généralité des cas les choses se passent ainsi ; néanmoins, il peut se faire que cet ordre de choses soit renversé ; que le facteur dont la force génitale est plus faible donne son sexe au produit ; mais ces cas sont assez rares; ils ne se présentent que lorsque le facteur le plus faible puise une force éphémère dans la suprême exaltation de ses facultés physiques et morales au moment de l'acte reproducteur. Alors, sa puissance génitale s'élève au-dessus de celle de l'autre facteur.

D'autres mariages donnent des résultats contraires ; c'est la femme qui a la prépondérance génitale sur son mari; elle n'engendre que des filles. Mais, comme dans le cas précédent, une altération peut survenir dans ses organes sexuels, et la force génitale supérieure dont elle jouissait, peut descendre au-dessous du niveau de celle de son mari ; alors elle procréera un garçon, par la raison que la puissance génitale de son mari dominait la sienne au moment de la fécondation.

Ces sortes de mutations de substitutions de la prépondérance génitale de la femme à l'homme et de l'homme à la femme, arrivent fréquemment, et sont la cause permanente de la différence des sexes dans une même famille. Elles ont, très-probablement, leur source dans les modifications inappréciables des fonctions nerveuses du système génital.

Doit-on conclure de ces faits que le conjoint dont la force génitale est supérieure à celle de l'autre, donnera invariablement son sexe au produit?.... Oui, lorsque les choses marchent régulièrement; et non, dans le cas contraire.

Ainsi que les autres organes du corps sont sujets à des maux, à des faiblesses; de même les organes de la génération ont leurs moments de défaillance. L'acte reproducteur exercé en de semblables moments doit nécessairement s'en ressentir. Il arrive alors que celui qui était fort la veille, se trouve faible le lendemain. Aujourd'hui il eût procréé un garçon; demain ce sera une fille, parce que sa force génitale est tombée au-dessous de la femme; et réciproquement.

Parmi les influences qui produisent des baisses sensibles de la force génitale, les unes agissent sur l'heure, les autres après un laps de temps plus ou moins long.

L'ébriété, l'indigestion, la fatigue excessive, une vive douleur, la crainte, l'effroi etc. etc. agissent immédiatement. Le coït pratiqué sous de telles influences, s'éloigne de la règle générale, et ne donne que de tristes produits, tantôt mâles, tantôt femelles, selon la supériorité génitale de l'un et de l'autre facteur.

Les influences qui agissent après un certain temps sont : les maladies chroniques, les longues souffrances physiques et morales, les passions tristes, les excès en toutes choses et enfin, l'âge.

L'énervation, l'épuisement du corps, l'abus du coït, déterminent chez l'homme, une dégradation très-sensible des forces génitales; dans cet état il n'engendre ordinairement que des filles. Il n'en est pas de même pour la femme : on a remarqué, qu'en général, les courtisanes, les prostituées lorsqu'elles étaient fécondées, procreaient plus de garçons que de filles. Plusieurs médecins accoucheurs ont signalé ce fait qui cesse de paraître étrange quand on sait que l'exercice d'une fonction entretient son énergie et que le repos, trop prolongé, la débilite. Hâtons-nous de dire que par le mot exercice il ne faut pas entendre l'abus. Il est certain que les jouissances vénériennes prises immodérément, poussent la femme à la masculinité, tandis qu'elles font descendre l'homme à la féminité. Donc, il est logique, et les faits le prouvent, que la courtisane fécondée donne le jour plutôt à un garçon qu'à une fille.

La modération dans les plaisirs de l'amour, est de toute nécessité pour l'homme qui veut transmettre son sexe à l'embryon; nous en avons donné plus haut la raison.

De toutes les influences, la plus puissante est l'influence de l'âge. En effet, la force relative et absolue des organes générateurs, se trouve sous l'entière dépendance des différents âges de la vie. Très-faible pendant l'enfance, elle se développe peu à peu, se caractérise par des signes non équivoques à la phase de la puberté, et atteint son plus haut degré de 25 à 30 ans; elle reste stationnaire jusqu'à 40 ans; décline peu à peu, d'une manière plus ou moins sensible, selon les tempéraments et le genre de vie, et finit par s'éteindre vers 65 ou 70 ans. — L'école hyppocratique, chez les anciens, avait observé que les hommes très-jeunes, mariés à des femmes plus âgées qu'eux, procréaient d'abord des filles et n'engendraient des garçons qu'au jour où leur virilité était arrivée à un degré supérieur. Les hommes avancés en âge procréaient plus de filles que de garçons, parce que leur énergie virile avait baisssé.

Les observations des médecins modernes sont exactement les mêmes : pendant la première jeunesse et aux approches de la vieillesse, les hommes engendrent plus de filles que de garçons. Les recherches historiques de Girou établissent que les hommes mariés fort jeunes n'engendrent, en général, que des filles: à un âge plus avancé, c'est-à-dire pendant leur virilité, ils engendrent plus de garçons. — Dans les mariages où les conjoints sont du même âge, la progéniture est plus souvent femelle. — Lorsque la femme est plus âgée que l'homme, elle donne son sexe au produit; si l'homme est plus âgé, il engendre ordinairement un garçon.

I §

L'auteur que nous avons plusieurs fois cité, M. Girou, a relaté dans son traité sur la *génération* de fort curieuses observations dont nous reproduisons quelques-unes. (1)

M. A... d'un caractère gai a épousé une femme douce et mélancolique, plus âgée que lui et très-grasse. Ce mariage a produit sept filles et point de garçon.

M. B... a de l'esprit, la tête grosse et le corps fluet; — sa femme est chargée d'embonpoint et possède un esprit médiocre : ils ont eu cinq filles et un garçon.

M. C... a la tête grosse, il est très-maigre; — sa femme est gras e et a la tête petite; elle est plus âgée que lui : — quatre filles et point de garçon.

M. D... fluet et brun a épousé une femme d'un embonpoint remarquable qui lui a donné six filles et un garçon.

M. E... a obtenu de sa femme belle blonde, mais d'une intelligence très-commune, sept filles

(1) Les personnes qui font le sujet de ces observations, étant contemporaines, la bienséance n'a pas permis de faire connaître leurs noms; on les a désignees par des lettres romaines.

ressemblant au père et deux garçons ressemblant à la mère.

M. F... d'une activité physique et intellectuelle prodigieuse, et d'une rare ténacité, a épousé une femme douce et nonchalante. De ce mariage sont nés huit filles et un seul garçon.

Mme A... forte femme, ayant la voix masculine et du poil au menton, a eu sept garçons et point de fille.

Mme B... petite femme sèche, bilieuse, à poitrine plate, a fait, dans l'espace de dix-huit ans, douze garçons et deux filles.

M. G... gros homme deux fois plus âgé que sa femme, maigre et nerveuse, a eu d'elle huit garçons et trois filles.

M. H... d'un caractère doux et tranquille, le corps bien nourri, marié à une femme nerveuse, très-intelligente et active, a eu treize garçons semblables à la mère et point de fille.

M. I... fils du précédent, d'un caractère doux et débonnaire a eu, de sa femme brune et poilue, neuf garçons.

M. J... est un petit homme grêle, brun, actif, passionné. Sa femme, encore plus active, plus résolue que lui et d'un tempérament sec, lui a donné dix garçons qui ressemblent à leur mère, et une fille image de son père.

Mme C... atteinte de phthisie pulmonaire a procréé cinq filles, dont trois ont hérité de la triste maladie de leur mère.

Mme D... également atteinte de phthisie a donné le jour à six filles; cinq, sont mortes de sa maladie.

Mme F... née d'un père phthisique, a eu quatre filles, dont deux sont mortes de la maladie de leur grand-père.

Les notes données à l'auteur de ces observations par plusieurs médecins statisticiens, constatent que dix-huit femmes phthisiques ont donné le jour à soixante-quatorze filles et à treize garçons seulement; ce qui signifierait que l'élément mâle de l'ovaire, chez les femmes phthisiques, serait effacé par l'élément femelle.

D'après les laborieuses recherches du même auteur dans divers ouvrages sur l'histoire de France depuis le XIme siècle, jusqu'à nos jours, et d'après ses propres observations, voici les conclusions qu'il en tire :

1° Les hommes d'un grand caractère, qu'ils aient été vertueux ou pervers, ont procréé plus de filles que de garçons.

2° Les hommes faibles de caractère ont eu plus de garçons que de filles.

3° Ceux qui se sont mariés très-jeunes, ont eu plus de filles que de garçons.

4° ceux qui se sont mariés après trente-cinq ans, ont eu plus de garçons que de filles.

5° Ceux qui ont été mariés à plusieurs femmes, ont eu plus de garçons du second et du troisième lit que du premie .

6° Ceux qui ont épousé des femmes d'un grand caractère, d'une volonté ferme, ont eu plus de garçons que de filles.

7° Ceux qui ont épousé des veuves, ont eu plus de filles que de garçons.

8° Les hommes du midi qui se sont mariés avec des femmes du nord, ont eu plus de filles que de garçons. Les hommes du nord qui ont épousé des femmes du midi, ont eu plus de garçons que de filles.

9° Les hommes de haute stature, et les hommes corpulents, ont eu plus de garçons que de filles.

Tels sont les faits consciencieusement recueillis par Girou de Buzareingues, dans son traité sur la génération, ouvrage rempli d'intéressants détails. Ces faits isolés ne sauraient constituer une loi, mais ils peuvent être d'un grand secours aux physiologistes qui se livrent à cette étude.

CHAPITRE IX

THÉORIE NOUVELLE

DE LA PROCRÉATION MALE ET FEMELLE OU THÉORIE DES DEUX ÉLÉMENTS

La théorie de la PRÉDOMINANCE que nous venons d'analyser, apprend beaucoup de choses, élucide plusieurs points obscurs, mais ne résout pas la question. En effet, les mots *prédominance*, *force*, *puissance génitale* indiquent simplement une des qualités de l'appareil génital, sa supériorité d'action, sans nullement dévoiler la cause des fécondations mâles et femelles. Il est dit dans cette théorie que la détermination du sexe dépend de la prédominance génitale de l'un des facteurs sur l'autre. Je demande où est la cause de cette prédominance?... Est-elle cachée dans l'ovaire de la femme ou dans le testicule de l'homme? C'est là qu'est le mystère; essayons de le pénétrer.

Nous avons écrit dans notre *Hygiène du mariage* que les *œufs* produits par les ovaires et les *zoospermes* formés par les testicules étaient *asexuels*, c'est-à-dire n'avaient point de sexe; mais qu'ils pouvaient, selon leur degré d'azotation, produire l'un ou l'autre sexe. — Des expériences récentes nous amené à croire que c'est seulement dans l'*ovule* qu'existent les éléments ou principes des deux sexes; le sperme n'a d'autre but que la fécondation de l'ovule. — Le sperme et l'ovule restant isolés, ne produisent rien, sont stériles; mais, de leur contact jaillit la vie! de même que l'étincelle jaillit du caillou frappé par le fer. Les innombrables vies répandues sur le globe terrestre sortent d'un œuf. *Omne vivum ex ovo.* L'homme ne fait point exception à cette grande loi. Pour nous, la vraie cause des fécondations mâles et femelles existe dans les qualités de l'œuf. Avant d'aller plus loin, examinons la composition chimique de l'œuf et du sperme.

ŒUF HUMAIN

Albumine Vitelline (1)	matières azotées.

Dans le vitellus ou jaune de l'ovule, l'analyse trouve :

Des matières grasses.. Du sucre............	matières non-azotées ou hydro-carbonées ne recélant point d'azote,

Des sels de potasse, de soude, de magnésie et de chaux.

---

(1) La *vitelline* est la membrane qui enveloppe le *vitellus* ou jaune de l'œuf; elle fournit de l'azote.

SPERME OU FLUIDE SÉMINAL (1)

Albumine. . } matières azotées,
Spermatine. }
Sels de potasse, de soude, de magnésie, etc.

On remarquera, ici, que les matières grasses manquent, parce que le sperme n'a d'autre rôle que celui de la fécondation; tandis que c'est la substance même de l'ovule qui doit former l'embryon.

Etablissons d'abord que la femme joue le rôle principal dans la procréation. C'est elle qui produit l'œuf; l'homme ne fait que le féconder; son rôle secondaire cesse aussitôt la fécondation opérée. — L'œuf fécondé subit diverses transformations dans la matrice de la mère; c'est elle qui le nourrit de son sang pendant la vie intra-utérine; c'est elle encore qui le nourrit, de son lait, après l'accouchement. Or, la nature, en confiant à la femme le rôle de conservatrice de l'espèce, lui a dévolu des organes de reproduction de la forme, et une puissance de plasticité que ne possède point l'homme.

---

(1) A l'état naturel, le sperme se compose d'un fluide albumineux et muqueux dans lequel nagent des animacules. Le sperme, à son passage à travers la glande prostate, se mêle à une humeur que sécrète cette glande, et aussi aux mucosités uréthrales.

Nous venons de voir que l'œuf contenait les principes azotés du sperme, et qu'il possédait, en plus, des matières grasses. Cette réunion des matières azotées et non azotées, et des divers sels énumérés plus haut, se retrouvent exactement dans le corps des mammifères; donc, il existe dans l'ovule tous les matériaux propres à faire un être semblable à ses procréateurs. Ceci est clair et n'a pas besoin de démonstration. Mais, le sexe de l'être futur, quel est celui des deux facteurs qui le détermine? Est-ce l'homme, est-ce la femme?... C'est encore la femme; en voici la raison :

Dans la masse granuleuse, demi-liquide, dont est formé le jaune de l'ovule, existent les deux *principes* ou *éléments* mâle et femelle. (Le même phénomène s'offre dans la graine des plantes.) Ces éléments, inappréciables à nos sens et aux investigations microscopiques, ne s'affirment que par le résultat.

Ces deux éléments, mâle et femelle, sont toujours inégaux en force, en vitalité. Selon l'organisation physique de la femme, le developpement en plus ou en moins des organes de la féminité, l'élément mâle ou l'élément femelle prédomine et absorbe l'autre. — Il peut se faire que l'un des éléments ait aujourd'hui la prédominance, tandis que plus tard ce sera l'autre. Cette substitution d'un élément à l'autre dépend de plusieurs influences que nous signalerons plus loin. Lorsque l'élément mâle domine, il absorbe ou anihile l'élément femelle, et si dans ce moment la fécondation a lieu, le produit revêtira le sexe mâle, si, au contraire, c'est l'élément femelle qui domine, le produit sera féminin.

Comment se fait cette absorption ou anihilation d'un élément par l'autre? Très probablement elle est le résultat d'un dynamisme vital qu'il nous est impossible d'apprécier physiquement. Du reste, le phénomène de l'absorption d'un corps par un autre s'offre tous les jours.

On demandera : quelle est la nature de ces éléments? Représentent-ils le fluide nerveux, l'électricité animale? ou l'oxygène, l'hydrogène, l'azote, le carbone? — C'est ce qu'on ignore; peut-être la science le découvrira-t-elle un jour.

§ I.

Les propositions qui précèdent étant admises, il est facile d'en déduire les formules suivantes:

L'ovule contient dans sa propre substance les éléments ou principes des deux sexes.

La détermination sexuelle est le résultat naturel de l'absorption ou anihilation de l'un de ces éléments par l'autre.

L'absorption de l'élément mâle par l'élément femelle donne un produit femelle.

L'absorptien de l'élément femelle par l'élément mâle donne un produit mâle.

Le rôle des animalcules spermatiques se borne à la fécondation de l'ovule.

Cette théorie, claire et simple à la fois, s'accorde avec la théorie de la *prédominance* ; celle-ci ne fait connaître que l'instrument de la fécondation, tandis que la nôtre en dévoile la cause. Et, pour ne laisser aucun doute à cet égard, nous citerons, dans le chapitre suivant, nos propres observations, en les accompagnant de réponses aux objections qu'on pourrait nous faire.

SECTION I

DU TEMPÉRAMENT DE LA FEMME

CONSIDÉRÉ COMME CAUSE DÉTERMINANTE

C'est dans le tempérament ou constitution physique de la femme qu'il faut chercher la cause de la détermination du sexe de son fruit. Selon nous, c'est là qu'elle existe. — Lorsque la femme possède, au complet, tous les attributs, toutes les qualités de l'organisation féminine, elle engendre des filles, parce que dans ce mystérieux laboratoire qu'on nomme l'ovaire, l'élément mâle est déplacé, anihilé par l'élément femelle. — Dans les cas où la constitution de la femme se rapproche de celle de l'homme, elle procréé des garçons, parce que l'élément mâle déplace, absorbe l'élément femelle.

La causalité de la détermination sexuelle, réduite à ces deux termes, s'offre alors dans toute sa simplicité. — S'il était besoin encore d'autres preuves, les lois de l'hérédité physiologiques prêteraient leur appui à cette théorie; car, il est vulgairement reconnu que la fille d'un femme qui a procréé beaucoup d'enfants mâles, produira, ainsi que sa mère, plus de garçons que de filles.

§ II

Parallèle des deux organisations physiques mâle et femelle

Avant de passer aux preuves qui confirment notre théorie, nous croyons utile de mettre sous les yeux du lecteur les principaux caractères des deux organisations féminine et masculine.

La fonction prédominante, chez la femme, est la génération ; cette fonction, qui commence quelques mois après la puberté, par la ponte mensuelle des ovules, se continue par la fécondation, l'incubation ou grossesse, et se termine par la parturition et l'allaitement. — L'homme ne coopère à la procréation que par la fécondation, tandis que la femme produit l'œuf, le nourrit et le transforme. La génération est enracinée dans sa nature; elle domine toutes les autres fonctions du corps, elle détermine les premières directions de son esprit et l'occupe pendant toute la période génitale. On peut dire que sa vie se complète par l'amour conjugal et maternel.

C'est par ces divers motifs que le célibat est beaucoup plus nuisible à la femme qu'à l'homme. Parmi les nombreuses infirmités qu'il amène à sa suite, nous ne citerons que l'hystérie, les hallucinations érotiques, les altérations de l'ovaire, le squirrhe et le cancer de la matrice, toujours mortels...

En général, les systèmes lymphatique et nerveux prédominent chez la femme. — Les tissus cellulaires et graisseux sont très-abondants; ils cachent les saillies musculaires et arrondissent les formes. — La peau de la femme est douce, unie, à mailles moins serrées que celle de l'homme, plus extensible et exempte de poils, à l'exception de certaines régions du corps. — Sa constitution est humide, comme disaient les anciens. — La poitrine et le ventre sont bombés; le bassin, ce laboratoire où sont cachés les merveilleux instruments de la génération, le bassin est fort large; les os des hanches sont évasés, la région fessière est très-développée; les cuisses sont rondes et charnues; les genoux peu proéminents; le mollet délicatement tourné; le bas de la jambe effilé, le pied étroit et petit.

Chez l'homme, les systèmes osseux, musculaires et pileux ont un développement remarquable; ce dernier envahit la plus grande partie de la surface cutanée; — les épaules sont carrées; les bras musculeux offrent des saillies tendineuses; — la poitrine large, le bassin étroit, le ventre gardant la ligne droite; la région fessière peu développée; — les cuisses aplaties à la partie interne; les genoux proéminents; les jambes fortement musclées; les malléoles saillantes et le pied solidement articulé.

Cette légère exquisse de l'organisation physique de l'un et de l'autre sexe, mettra le lecteur à même de mieux saisir le sens des expressions *féminité* — *féminiser* — *masculinité* — *masculiniser* qui réparaîtront souvent dans cet ouvrage. — Toutes les fois que la femme s'éloigne de son tempérament pour se rapprocher de celui l'homme, elle se *masculinise*; de même que l'homme se rapprochant de l'organisation de la femme, se *féminise*. — Les femmes *masculinisées*, les *viragos* peuvent se *féminiser* sous certaines influences que nous signalerons plus loin.

§ III

Des tempéraments de la femme sous le rapport de la fécondation mâle et femelle

Les tempéraments lymphatiques et lymphatico-sanguins représentent la féminité et donnent des produits analogues. — Les tempéraments bilieux, bilieux-sanguins et bilieux-nerveux représentent la masculinité et donnent des produits semblables à eux. — Ces faits ont été observés et notés dès la plus haute antiquité. Partant de ce principe, on arrive aux déductions suivantes :

1re Catégorie. — La femme purement lymphatique procréera toujours des filles, tant que sa constitution lymphatique persistera, n'importe le tempérament de son époux.

Mais, si par un concours de circonstances, de causes, souvent inappréciables, sa constitution éprouve des variations, un changement dans les organes, avec ou sans altération de la santé; si, de lymphatique qu'elle était, elle passe, peu à peu, au type sanguin-bilieux, ou sanguin-nerveux; ce changement retentira, sans nul doute, sur l'ovaire et transformera son mode de sécrétion, c'est-à-dire détruira l'élement femelle de l'ovule, au profit de l'élément mâle. — La fécondation ayant lieu en ces circonstances, le fruit sera un garçon.

2me Catégorie. — Les femmes bilieuses et nerveuses, d'un tempérament sec, engendreront toujours des garçons, n'importe le tempérament du mari. — Se trouvent dans le même cas les femmes à constitution bilioso-sanguine, aux membres tendineux et aux allures masculines.

Mais, si par des influences *modificatrices*, leur tempérament s'éloigne du type masculin pour revêtir le type féminin, l'élément mâle disparaît devant l'élément femelle qui le remplace; alors, elles procréeront des filles.

Faisons observer, ici, que la force, la vigueur du tempérament, la belle ou mauvaise santé, n'influent, en rien, sur la sexualité du produit. Une femme chétive, faible, maladive, procréera des garçons, tandis que la femme grasse, énorme, à santé florissante, n'engendrera que des filles.— Le sexe du produit dépend, ainsi que nous venons de le voir, de la féminité ou de la masculinité de la mère; autrement dit de la prédominance de l'un des deux éléments sur l'autre.

D'après cette théorie, – l'homme qui désire procréer des filles, aura neuf chances de succès contre une, en épousant une femme de la première catégorie. — L'homme qui désire posséder une progéniture mâle aura, également, neuf chances de succès contre une, en s'unissant à une femme de la seconde catégorie; si toutefois les causes qui modifient les tempéraments ne viennent s'y opposer.

SECTION II

DES INFLUENCES QUI PEUVENT AGIR SUR LES ÉLÉMENTS DE L'OVULE

Beaucoup de ces influences sont occultes, profondes et ne se manifestent que par leurs effets; d'autres, au contraire, sont plus ou moins appréciables et faciles à reconnaître. Ainsi, tous les agents qui tendent à modifier, à changer le tempérament primitif de la femme, portent atteinte à la fonction de l'ovaire, telle qu'elle s'exécutait antérieurement. — Le genre de vie, de conduite, de nourriture ; — les exercices physiques, les voyages, les fatigues, le repos prolongé; — les passions tristes et violentes, les maladies, etc. etc.. sont autant de causes ou d'influences qui peuvent modifier la sécrétion de l'ovule humain et provoquer la subversion de ses éléments; de telle sorte que l'élément mâle absorbe l'élément femelle ou l'élément femelle absorbe l'élément mâle. Les deux faits suivants serviront d'exemples :

§ IV

La comtesse de ***, femme lymphatique à formes empâtées, mère de quatre filles, fut atteinte d'une maladie grave dont la convalescence longue et difficile la rendit sèche et très-nerveuse. Fécondée vers la fin de sa convalescence, elle accoucha d'un garçon.

Jeanne Lory, fermière, d'un tempérament nerveux, maigre; vigoureuse et d'une pétulance singulière, donna d'abord le jour à quatre garçons. Alitée, pour une plaie à la tête, suite de chute, une fièvre cérébrale se déclara et mit ses jours en dangers. Revenue à la santé, il s'opéra un grand changement dans sa constitution ; elle prit de l'embonpoint, mais perdit son activité et de ce moment ne se livra qu'avec nonchalance aux occupations de la ferme. Devenue enceinte, elle accoucha d'une fille; deux autres couches successives la rendirent encore mère de deux filles.

Pendant l'année qui suivit sa dernière couche, son embonpoint diminua considérablement; les formes arrondies se fondirent, elle revint à son premier tempérament, à son activité et à ses premières habitudes, elle se masculinisa.

D'après notre théorie, si Jeanne Lory usait du mariage, en son état présent, la fécondation devait être mâle, puisqu'elle était revenue à son tempérament primitif. C'est, en effet, ce qui eut lieu... L'année suivante elle accoucha d'un gros garçon.

Une influence qu'il ne faut pas oublier de mentionner, est celle de l'âge des procréateurs sur le sexe de l'enfant. — Les mariages de sujets trop jeunes, qui ont à peine dépassé l'époque de la puberté, restent souvent stériles, pendant les premières années, ou ne produisent que des filles, parce que les ovaires de la jeune mariée n'ont pas encore acquis leur complet développement. — Les mariages de sujets trop avancés en âge ne produisent également que des filles, parce que les ovaires de la femme qui touche à l'âge de retour, n'ont plus la vitalité nécessaire au développement complet de l'élément mâle. Il y a, sans doute, des exceptions à cette règle, mais elle réunit la pluralité des faits.

La jeune fille pubescente et la femme qui arrive à la *ménopause*, sont les deux extrêmes de la période génitale.

CHAPITRE IX

OBSERVATIONS VENANT A L'APPUI DE LA THÉORIE DES DEUX ÉLÉMENTS MALE ET FEMELLE

PREMIÈRE OBSERVATION

Joseph T...., de la classe ouvrière, âgé de 24 ans, d'un tempérament sanguin, actif, vigoureux et bien portant, s'est marié avec une femme brune, sèche, élancée, poilue, et, comme lui, alerte et bien portante. Ils ont eu cinq garçons dans l'espace de huit ans.

La femme étant morte des suites de sa dernière couche, Joseph, alors âgé de trente-six ans, se remaria avec une blonde, à formes grasses et d'un caractère doux, indolent. — Six filles naquirent de ce second mariage et point de garçon.

La raison de ces faits s'explique tout naturellement d'après notre théorie. — La première femme de Joseph tenait du *virago*; la masculinité de sa constitution l'emportait sur la féminité. Dans ses ovules, l'élément mâle étouffait l'élément femelle et les fécondations devaient nécessairement produire des garçons. — Chez la seconde femme c'était l'élément femelle qui étouffait l'élément mâle et la fécondation devait donner des filles.

DEUXIÈME OBSERVATION

Bernard Corn.... bijoutier, âgé de 27 ans, d'un tempérament nerveux, irritable; débile de corps, souvent malade; penchants amoureux, et jaloux, épouse Rosalie B..., jeune fille de dix-huit ans, fraîche, accorte et de belle santé. Les traits de son visage fortement sculptés, la voix un peu mâle; les membres bien emmusclés; menstruation peu abondante.

Evidemment, d'après notre théorie, cette femme, inclinant à la masculinité, ne devait procréer que des garçons; c'est ce qui eut lieu : quatre couches consécutives donnèrent quatre garçons.

Bernard mourut de phthisie pulmonaire. Sa veuve qui l'avait soigné, pendant sa longue agonie, éprouva un si grand chagrin qu'elle en tomba malade. Sa convalescence fut très-longue : elle perdit ses cheveux, ses fraîches couleurs, ses forces et son activité. Un changement s'opéra dans ses règles qui coulèrent plus abondamment et dans sa voix grave, qui monta au timbre aigu. Pour les personnes qui l'avaient fréquentée, pendant sa jeunesse, elle était devenue méconnaissable. Elle atteignait sa vingt-septième année, lorsqu'un riche marchand veuf, la demanda en mariage. Elle refusa d'abord, s'excusant sur sa faible santé; mais, ses parents et amis lui firent comprendre les grands avantages de ce mariage et la décidèrent à le contracter. Les bons procédés, les soins assidus de son second mari la ramenèrent à la santé.

Les deux premières années furent stériles; vers le milieu de la troisième année, Rosalie fut fécondée et accoucha heureusement d'une fille, dont elle voulut être la mère nourrice. De ce moment sa santé devint florissante; les formes qu'elle avait perdues reparurent plus rondes qu'avant; elle acquit un riche embonpoint et ses traits se féminisèrent. — Dans l'intervalle de dix ans, elle donna le jour à six filles et point de garçon. Ces filles ressemblaient à leur mère par la constitution et au père par les traits du visage.

La causalité de ces onze parturitions est facile à saisir : tant que Rosalie revêtit les signes de la masculinité, elle engendra des garçons; du moment que son organisation se fut féminisée, elle donna le jour à des filles. En d'autres termes : l'élément mâle de l'ovule avait effacé l'élément femelle, pendant le premier mariage; ce fut l'élément femelle qui, dans le second mariage, étouffa l'élément mâle.

Nous ne citerons que ces deux observations pour les mariages qui offrent une série non interrompue de filles et de garçons; tous les mariages, semblables à ceux-là n'ont point d'autre cause que celle indiquée.

TROISIÈME OBSERVATION

Quatre mariages contractés par un seul homme. Détermination du sexe selon la constitution de la femme

Cette observation nous a été fournie par le Dr Eugène de Songette, ami de l'individu en question et de sa famille, il a pu suivre, pendant trente-cinq années consécutives, les faits et circonstances que nous rapportons fidèlement.

M. César Fab.., d'un tempérament bilioso-nerveux, homme intelligent et actif, a été veuf trois fois et a contracté un quatrième et dernier mariage.

Marié pour la première fois à 21 ans, à une fille de dix-sept ans, de constitution lymphatique, il eut d'abord deux filles. Il quitta la capitale avec sa femme, et alla passer quelques mois dans les Pyrénées Orientales. Pendant ce voyage à travers les montagnes, tantôt à pied, tantôt à cheval, Mme César Fab... perdit un peu de la gracilité de ses membres et de la fraîcheur de son teint; elle se colora, brunit au soleil du midi et gagna en activité physique. Sept mois après ce voyage elle donna le jour à un garçon.

Les années suivantes, ayant repris sa vie habituelle, cette dame accoucha encore de deux filles et mourut d'accident.

Marié, en secondes noces, à l'âge de vingt-huit ans, à une femme maigre et nerveuse qui pendant son adolescence avait fait de la gymnastique, M. César eut d'elle trois garçons et point de fille, cette deuxième femme succomba à une fièvre typhoïde épidémique.

Le troisième mariage de M. César eut lieu avec une femme de vingt-huit ans, à cheveux roux, à formes arrondies, à large bassin, molle dans ses mouvements. Six filles naquirent de ce troisième lit. — Une fièvre puerpérale l'emporta à la suite de sa dernière couche.

M. César Fab... contracta un quatrième et dernier mariage, à l'âge de 42 ans, avec une jeune fille de dix-huit ans, brune aux yeux noirs, qui lui donna d'abord deux filles. Trois années se passèrent sans qu'elle devint enceinte. Pendant ce laps de temps, sa constitution sanguino-bilieuse s'accentua ; sa voix et ses membres gagnèrent en forces; un léger duvet poussa sur sa lèvre supérieure; le système pileux du corps devint plus touffu; elle revêtit les caractères d'une forte femme. — Alors, elle accoucha de trois garçons successivement et point de fille.

Si le lecteur se donne la peine d'analyser et de comparer ces quatre mariages, il acquerra la certitude que les diverses naissances mâles et femelles, provenant de quatre femmes d'un seul homme, sont la conséquence naturelle de notre théorie.

La première femme de M. César accouche d'abord de deux filles. — Une vie plus active, les exercices et l'air vivifiant de la campagne la masculinisent, elle donne le jour à un garçon. Des circonstances opposées la féminisent de nouveau, et elle engendre des filles, comme aux premières années de son mariage.

La seconde femme possède des muscles, des instincts et des goûts masculins; elle ne procréé que des garçons.

La troisième femme, lymphatique, peu active et molle par tempérament, offre tous les caractères de la féminité exagérée. Elle transmet son sexe aux six enfants dont elle accouche. En eût-elle fait douze! si son tempérament fût resté le même, elle n'aurait eu que des filles.

Enfin, la quatrième femme, quoique d'un tempérament à produire des garçons, ne procréé d'abord que des filles, par la raison que les organes génitaux n'avaient pas encore acquis tout leur développement; mais, du jour où ce développement est complet, sa féminité s'efface devant les influences qui métamorphosent son organisation, et elle ne procréé plus que des garçons.

QUATRIÈME OBSERVATION

Cette observation nous est transmise par un homme âgé et favorisé de la fortune, qui, ne pouvant obtenir d'enfants de sa femme légitime, atteinte de stérilité, se mit à courir les maîtresses; il en eut beaucoup!.... Nous n'en mentionnerons que six.

Ces six femmes lui donnèrent vingt-trois enfants dont il soigna l'éducation et auxquels il assura une position. — Deux de ces femmes ne faisaient que des garçons; — deux ne faisaient que des filles; — les deux dernières procréaient alternativement des filles et des garçons.

Ce favori de Plutus avait observé que c'était toujours dans leur première jeunesse que ses *amies* procréaient des filles; lorsque les années les avaient rendues *plus mâles*, ajoutait-il, elles faisaient des garçons. Il avait aussi remarqué que plusieurs d'entre elles, après des parties de plaisir qui les avaient *échauffées*, procréaient *plus facilement* des garçons. (Les mots soulignés sont ses propres expressions.)

CINQUIEME OBSERVATION

Le sujet de la cinquième observation est un marchand de bonneterie de l'ancienne rue Saint-

Denis, à Paris. Cet excellent père de famille qui brûlait du désir d'avoir un fils, pour lui transmettre son industrie, son nom et sa réputation, n'avait pu obtenir, de sa femme, lymphatique au plus haut degré, que des filles. Il en possédait neuf!.. toutes vivantes, et du même tempérament que leur mère. Quoique le brave bonnetier fût encore dans l'âge viril, il s'abstenait hélas! dans la crainte de voir naître une dixième fille... lorsque *l'Hygiène du mariage* lui tomba dans les mains. Après avoir lu et relu vingt fois les pages qui traitent du régime alimentaire et de la conduite à suivre pour obtenir une fécondation mâle, il se hasarda.... et resta dans les transes pendant les neuf mois de grossesse. — Le moment suprême arriva... ses vœux furent exaucés et ses désirs comblés! Un cri de joie s'échappa soudain de sa poitrine... L'heureux père possédait un fils. (Voyez *l'Hygiène du Mariage*, 55me édition.)

SIXIÈME OBSERVATION

Un très-haut fonctionnaire avait marié sa fille, âgée de 20 ans, à un jeune colonel de grande famille. Elevée dans le luxe et la mollesse, cette jeune demoiselle offrait tous les signes d'une frêle organisation : petites mains, petits pieds, taille mince, élancée, mais hélas ! sur la poitrine, absence de ces organes charmants dont les yeux aiment à caresser les séduisants contours; la funeste mode du corset en avait arrêté le developpement. Le corps de cette mignonne créature était d'une délicatesse aristocratique; mais, voilà tout....

Trois années de mariage se passent et, malgré la vigueur du colonel, point de résultat. Un voyage en Italie fut ordonné. Ce moyen réussit; Mme la colonel accoucha d'une fille. — Chaque année on faisait un voyage tantôt au nord, tantôt au midi, dans l'intention d'obtenir un rejeton mâle? Vain espoir! toutes les fécondations produisaient des filles... On en possédait trois! c'était déjà trop....

Le colonel, devenu général, dépassait sa quarantième année; sa femme atteignait sa trente-cinquième, que faire?. On consulta des médecins qui, comme précédemment conseillèrent les voyages — Ce moyen, objectait le général, ne nous donne que des filles..... — On répondait : il faut tout attendre de la nature.

Ces réponses ne le satisfaisant point, il alla trouver des charlatans et des charlatanes. Mais, le général, homme de bon sens, ne voulut point croire à leurs moyens aussi puérils qu'absurdes, et eut le bon esprit de confier son secret à un physiologiste qui, depuis longtemps, s'occupait d'expèriences sur la génération. Après avoir exploré la jeune dame, le vieux praticien dit au mari : « Votre femme est bien constituée pour faire des filles; elle est complètement femme, et c'est pour cela qu'elle donnera toujours son sexe aux enfants qu'elle procréera, si, bien entendu, sa constitution reste telle qu'elle est. Pour obtenir un garçon, il est de toute nécessité de métamorphoser son organisation, trop féminine, en une organisation qui se rapproche un peu de la masculine. Ce résultat obtenu, vous avez neuf bonnes chances contre une mauvaise de voir se réaliser vos désirs.

— Vos paroles me donnent de l'espoir, dit le général; mais, comment opérer cette métamorphose?

— En combinant plusieurs moyens, et en les faisant converger au même but : les exercices du gymnase, l'équitation, l'escrime, la natation, les promenades de plaisir, en un mot tout ce qui peut détruire la féminité et developper la force corporelle. En joignant, à ces divers exercices, une alimentation riche en principes stimulants et nutritifs, vous arriverez, je n'en doute point, à cette métamorphose qui doit favoriser la formation d'un ovule mâle. Selon moi, c'est la femme qui produit la matière de l'embryon, l'homme ne fait que la féconder, c'est-à-dire donner la vie à cette matière.

Le général, convaincu, serra la main du physiologiste, avec reconnaissance, et sa femme commença le jour même à suivre strictement les prescriptions indiquées.

Une année s'était à peine écoulée, depuis cette consultation, que l'heureux général, entouré de sa famille et de celle de sa femme, fêtait la naissance d'un fils.

§ I

OBJECTION

Contre notre théorie et réfutation

Plusieurs objections ont été faites contre la théorie des deux éléments mâle et femelle ; voici la plus sérieuse :

Dans toutes les familles, hormis quelques exceptions fort rares, il naît indistinctement des filles et des garçons ; — tantôt le nombre des filles dépasse celui des garçons, et tantôt le nombre des garçons dépasse celui des filles. Or, les père et mère, n'importe leur tempérament, procréent l'un et l'autre sexe ; donc, votre théorie sur la masculinité et la féminité tombe devant ces faits :

On répond :

L'objection n'est que spécieuse, en voici la preuve : — L'organisme humain ne se trouve jamais dans un état de parfait équilibre ; il s'y produit des oscillations, les unes sensibles, les autres dont nous n'avons point conscience. — Les forces, la santé ne sont pas exactement les mêmes tous les jours; elles éprouvent des variations; — il en est de même pour le tempérament de la femme, à l'égard de ces deux états désignés par les mots: féminité, — masculinité.

La femme lymphatique, possédant la féminité au plus haut degré, ne devrait engendrer que des filles? — C'est vrai. — Mais, comme on ne peut refuser d'admettre que son tempérament ne soit sujet à des variations, à des perturbations, il est très-probable que ces variations ou oscillations influent, en plus ou en moins, sur sa féminité. Aujourd'hui elle est femme au grand complet; demain ou plus tard, une variation inappréciable a lieu, et sa féminité reçoit une atteinte. Si la cause qui a déterminé cette variation se prolonge, la féminité baisse de plus en plus, et le tempérament génital ou mieux, la fonction ovarique, marche à la masculinité.

La fécondation opérée dans ces conditions est toujours mâle. — Dans les conditions opposées elle est femelle.

Les choses se produisent de la même manière chez les femmes bilieuses ou nerveuses. Si la masculinité l'emporte sur la féminité, elles procréent des garçons; — ce seront des filles dans le cas contraire. — Lorsque après deux ou trois couches mâles la quatrième est femelle, il est hors de doute que les variations dans les fonctions ovariques se sont produites au profit de la féminité. — La masculinité vient-elle à reprendre le dessus, la fécondation redeviendra mâle; c'est ce qui s'observe tous les jours.

A quelle cause rapporter ces oscillations ou variations, ces mouvements organiques insaisissables qui exercent leur influence sur la composition de l'ovule? — Nous la porterons au compte du système nerveux de la femme; puisque c'est à ce système qu'on attribue tous les phénomènes que la physiologie ne peut expliquer.

Pour être moins obscur, nous dirons que toutes les influences physiques et morales agissant sur l'organisation de la femme lymphatique de manière à modifier son tempérament, à diminuer ses formes potelées, à resserrer ses tissus, à stimuler son système nerveux; à imprimer de la vivacité à son esprit et à ses actions, ces influences, disons-nous, altéreront infailliblement sa féminité.— A l'égard de la femme bilieuse ou nerveuse, toutes les modifications propres à abattre la prédominence nerveuse, à développer le tissu graisseux, à ralentir l'activité physique et morale altéreront la masculinité.

Telle est la réponse faite à l'objection.

Il serait à désirer que les savants physiologistes s'occupassent de cette question, qui a son importance.

CHAPITRE X

DÉTERMINATION DU SEXE

RÉGIME ALIMENTAIRE ET RÈGLE DE CONDUITE

POUR OBTENIR LE SEXE MASCULIN OU LE SEXE FÉMININ

Avant de passer aux règles de conduite et de régime, nous croyons utile de rappeler au lecteur que la principale cause de la détermination sexuelle existe dans l'ovaire, qui, selon la puissance ou la faiblesse de ses fonctions, donne à l'organisation de la femme les caractères plus ou moins apparents de la masculinité et de la féminité. Quelques exemples vont le convaincre de la vérité de cette assertion.

La fille A..., qui ressemble à son père ou à son grand-père, possède déjà un degré de masculinité par le fait même de cette ressemblance ; on peut pronostiquer qu'elle procréera des garçons.

La fille B..., qui ressemble à sa mère ou à sa grand-mère, possède par le fait même de cette ressemblance, tous les degrés de féminité; on peut pronostiquer qu'elle procréera des filles.

Le mariage de ces deux filles et leurs parturitions ont prouvé la vérité du pronostic:

La première a engendré trois garçons, la seconde deux filles.

Mais au quatrième accouchement, la femme A... donne le jour à une fille. Un cinquième accouchement a lieu, et c'est encore une fille. Pourquoi? Parce que son organisation s'est féminisée. Les deux années suivantes, l'organisation de la femme A... étant revenue à son type primitif, elle accouche de deux fils.

La femmme B..., après avoir eu deux filles, accouche d'un garçon; sa quatrième couche est encore un garçon, parce que sa constitution s'est masculinisée. Quelques années plus tard, son organisation étant revenue à son type primitif, elle accouche de trois filles successivement.

La physiologie, ainsi que nous l'avons fait précédemment observer, reconnaît dans ces fécondations mâles et femelles, chez la même femme, l'action de causes physiques et morales, les unes appréciables à nos sens, les autres inappréciables. Ces causes travaillent l'organisme humain de façon à opérer des changements plus ou moins durables dans les fonctions de divers organes. — Ainsi, certaines substances excitent les systèmes nerveux et musculaires, certaines autres, au contraire, l'affaiblissent. — Certaines influences attristent le moral; certaines autres l'égaient, le rendent plus ouvert. L'organisme entier est soumis à ces causes, à ces influences, dont la durée d'action est plus ou moins courte, plus ou moins longue. Or, les femmes que nous venons de citer, ont été soumises à l'action de ces causes : la masculinité de l'une a été déplacée par la féminité, et elle a fait des filles. — La féminité de l'autre a été déplacée par la masculinité, et elle a fait des garçons. Quelques mois suffisent pour opérer ces changements ; d'autrefois, au contraire, il faut plus longtemps. Cela dépend du tempérament plus ou moins malléable de la personne, de l'état de ses voies digestives, de la persévérance et de la ponctualité à suivre la règle de conduite et le régime alimentaire indiqué plus bas.

Les lecteurs désormais familiarisés avec les lois physiologiques sur lesquelles est bâtie notre théorie, ont déjà compris que la détermination du sexe n'avait rien d'impossible ; qu'il n'était besoin que d'observer et de suivre la nature dans son mystérieux laboratoire et d'agir comme elle pour obtenir ses résultats.

Notre théorie, donc, est très-simple ; son application se réduit à deux modes :

1° La fécondation mâle s'opère en *masculinisant* la femme qui ne procréé que des filles ;

2° La fécondation femelle s'opère en *féminisant* la femme qui ne procréé que des garçons.

§ I

Pour procréer une fille

Il a été démontré, *in extenso*, au chapitre précédent que la femme à formes sèches et masculines, à poitrine aplatie, à hanches étroites, mariée, n'importe avec quel homme, grand, petit, gros, maigre, fort ou faible, procréait toujours des garçons, par la raison qu'elle se rapprochait plus de l'homme que de la femme ; les *viragos* nous en offrent un exemple. Le seul moyen, pour ces femmes, d'engendrer une fille, est de développer leur féminité au détriment de leur masculinité. On y parvient par le régime alimentaire et le repos, continués jusqu'à ce qu'un changement se soit opéré dans leur constitution.

Les mets dont elles doivent faire usage seront choisis dans la classe des aliments féculents gélatineux, herbacés ; — les œufs frais, les pâtisseries légères ; les panades, les bouillies au lait, les crêmes et fromages à la crême, les confitures etc. — Les boissons aqueuses et sucrées. — Les bains tièdes prolongés de deux jours en deux jours et de temps à autre, une boisson laxative pour réveiller l'appétit, s'il languissait. — Des promenades de courte durée ; point de fatigue, beaucoup de repos et un sommeil aussi long que possible. — Ce régime alimentaire et ce genre de vie, s'ils sont strictement suivis, doivent développer le tissu cellulaire, ramollir la fibre, apaiser l'irritabilité nerveuse, modérer cette activité physique et morale que possèdent les femmes qui ne font que des garçons.

Après quelques mois de ce régime, les sécrétions des divers organes du corps et la sécrétion de l'ovaire, en particulier, se trouvent complètement modifiées : l'élément mâle de l'ovule s'efface devant l'élément femelle et, si la fécondation s'opère en ce moment, il y a neuf chances contre une que la femme accouchera d'une fille. (1)

§ II.

Pour procréer un garçon

Le tempérament lymphatique est le type de la féminité, ainsi que son congénère le tempérament lymphatico-sanguin. — Les *idiosyncrasies* ou tempéraments mixtes tels que lymphatico-nerveux et

---

(1) Plusieurs médecins, experts en cette matière assurent que si au régime débilitant l'on ajoute l'exercice du coït, avec spasme souvent répété, il en résulte un énervement, une faiblesse qui combat la masculinité de la femme et la prédispose à la fécondation femelle. Ils donnent, comme preuve, les observations faites sur 100 filles de joie, accouchées, ayant mis au jour 78 filles et 22 garçons seulement.

lymphatico-bilieux produisent, en général, plus de filles que de garçons.

Les femmes mariées, appartenant à l'un de ces tempéraments qui ont accouché successivement de plusieurs filles, et qui désirent avoir un garçon, devront s'astreindre à un régime opposé à celui que nous venons de tracer.

Elles se nourriront de viandes rouges, noires, toniques et stimulantes : bifteck, rosbif, côtelettes, gigot, perdrix, faisan, lièvre, chevreuil etc.; —œufs, légumes au jus de viande; tous ces mets assez fortement condimentés. — Pour boissons des vins vieux, secs, et coupés d'eau. Certaines boissons composées, telles que le punch au thé, le grog, etc., sont aussi très-utiles quand l'estomac est sain et qu'on n'en fait pas abus. — Les bains froids ou presque froids; bains de rivière et de mer — les frictions, le massage; — les exercices gymnastiques variés ; – les voyages d'agrément, les parties de plaisir; la danse, l'équitation, les jeux qui exigent l'emploi des forces musculaires; — beaucoup d'activité, et juste ce qu'il faut de sommeil pour réparer les fatigues de la veille. Enfin, tous les agents propres à combattre la féminité exagérée qui ne peut qu'engendrer des filles, et à acquérir, peu à peu, le degré de masculinité qui produit des garçons. – Sous l'influence de ce régime alimentaire et de ce système de conduite, l'élément mâle de l'ovaire déplacera l'élément femelle et, le rapprochement sexuel ayant lieu en de pareilles circonstances, la fécondation sera mâle; la femme accouchera d'un garçon.

Ces moyens employés avec persévérance et strictement, sont presque toujours couronnés de succès. Mais, il faut le dire, presque toujours aussi le but n'est pas atteint, parce que d'une part, la femme lymphatique indolente, aimant le repos, n'a point le courage de persévérer; d'autre part, la femme bilieuse, virile, nerveuse, se fatigue du régime qui lui est imposé; éprouve des impatiences, des agacements, et retourne à ses anciennes habitudes. — Alors, on accuse la théorie, on en rit, on plaisante, tandis que c'est le manque d'énergie, le défaut de persévérance qui est cause de l'insuccès.

Je connais plusieurs dames qui, prenant la chose au sérieux, ont parfaitement réussi. Les unes comptent aujourd'hui, dans leurs familles, des filles qu'elles avaient ardemment désirées; les autres, des fils qui font leur joie et leur orgueil. Ce bonheur, elles l'ont obtenu en suivant avec persévérance la règle de conduite et le régime que nous venons d'indiquer (1).

Dans une de nos grandes villes de province, trois grandes familles étaient, de père en fils et de mère en filles, liés d'une étroite amitié. Plu-

---

(1) L'Editeur, pensant que la lecture de l'observation suivante, rédigée par un témoin oculaire, pourrait être utile à quelques-uns, l'a insérée à la fin de ce chapitre.

sieurs mariages, entre les enfants de ces familles avaient multiplié les liens de parenté. Parmi ces mariages, trois avaient été contractés à quelques mois l'un de l'autre : deux étaient féconds, le troisième restait stérile.

Le premier mariage avait déjà donné six filles;

Le second, cinq garçons.

Le père des six filles s'abstenait de procréer, dans la crainte de voir naître une septième fille.

Le père des cinq garçons s'abstenait également, disant que cinq mâles c'était assez.

Les conjoints du mariage stérile se désolaient, eux, de ne pas avoir d'enfants ; un garçon ou une fille, n'importe, eût comblé leurs désirs et fait leur bonheur.

Par un de ces fortunés hasards qui font époque dans la vie, les deux époux s'étant arrêtés un jour devant la vitrine d'un libraire, leurs yeux se portèrent sur deux ouvrages portant ces titres : *La Vénus féconde ; — L'Hygiène du Mariage.* — Ils se regardèrent soudainement ; une même pensée venait de jaillir de leur cerveau.... Le mari entra chez le libraire, et en ressortit avec les deux volumes.

Après avoir lu et relu ces ouvrages, les deux époux se décidèrent à mettre en pratique les enseignements qu'ils y avaient puisés.

Le succès couronna leur attente ; la femme stérile donna le jour à un joli petit garçon. Cette première couche, au bout de huit années de stérilité, fut un événement pour les trois familles. — On demanda le nom du savant, de l'*enchanteur* qui avait opéré ce prodige? — Pour toute réponse, l'heureuse mère leur montra en souriant les livres, élégamment reliés, sur une table, près de son lit. — L'année suivante, elle devint une seconde fois mère.

Cette fois, les deux incrédules, le père des six filles et le père des cinq garçons se prirent à réfléchir et finirent par croire qu'il pouvait y avoir de bonnes choses dans les deux ouvrages mentionnés; ils les lurent attentivement, et furent convaincus.

— Je voudrais bien avoir un garçon, dit le premier; et moi une fille, ajouta le second. Si ce que nous avons lu dans ces livres n'est pas un leurre, tentons l'essai! Que risquons-nous?

— C'est mon avis, essayons, répéta l'autre.

Les deux époux, chacun de leur côté, allèrent trouver leurs femmes, et s'y prirent si bien qu'ils les déterminèrent à suivre le régime et la ligne de conduite tracée dans l'*Hygiène du Mariage*.

L'une d'elles, la mère aux six filles, se conforma strictement aux prescriptions indiquées et donna le jour à un bel et gros garçon qui faillit rendre le père fou de joie.

L'autre dame, la mère aux cinq garçons, bilieuse, impatiente, vive et peu stable en ses goûts, suivit pendant quelque temps le régime, et ne put continuer, faute de patience. La vie tranquille et molle qu'on exigeait d'elle l'agaçait, lui portait sur les nerfs ; elle y renonça. Aucun changement physique ne s'était opéré en elle ; sa constitution, loin de se *féminiser*, avait conservé ses formes masculines. — Le mari aurait dû s'abstenir, comme par le passé ; il ne le fit point, et sa femme accoucha d'un sixième garçon !... Il en fut désolé...

— Je n'ai pas de chance, disait-il à son cousin ; à toi, tout te réussit : à moi, rien... Au diable le livre !...

— Pourquoi l'accuser, ce livre qui rend de si grands services à une foule d'individus, repartit le cousin ; ce n'est pas le livre qui a tort, mais bien ta femme qui n'a pas eu la force de se plier aux exigences des prescriptions qu'il renferme. — Ton épouse est réellement plus homme que femme, par les formes, les allures et le caractère ; il était donc nécessaire de la *féminiser*, comme dit l'auteur, afin qu'elle donnât son sexe au fœtus ; ne l'ayant point fait, elle n'a pas réussi ; c'est logique, elle devait s'y attendre. — Maintenant, analyse le tempérament et la conduite instinctive de ma femme : Tu reconnaîtras sans peine qu'étant femme au suprême degré, elle n'engendrait que des filles. Elle a eu assez de volonté et de patience pour suivre le régime et la gymnastique ordonnés ; elle s'est *masculinisée* et a conçu deux garçons. Pour moi, c'est tout naturel. Si ta femme avait eu la persévérance de la mienne, aujourd'hui tu possèderais deux filles.

— Tes observations sont logiques, répondit le cousin ; je dois me résigner à ne point avoir de filles. Tu connais ma femme ; avec son caractère prompt, impatient, elle ne possèdera jamais la persévérance de la tienne.

— Si ta femme désirait aussi ardemment que toi la naissance d'une fille, elle concentrerait toutes les forces de sa volonté sur cet objet, et tenterait une seconde fois l'épreuve.

— Tu as raison, mais comment la déterminer ?

— Il faut la vaincre de guerre lasse... J'en ai le pressentiment, ce moyen réussira : toi, ma femme et moi, aidés de nos amis, nous réunirons nos efforts pour la décider à recommencer l'essai ; nous la fatiguerons de nos prières.

La chose fut convenue et exécutée. La mère aux cinq garçons fut tellement priée, suppliée, harcelée par ses parents et amis, qu'elle se rendit à leurs désirs.

Cette fois, ce fut sérieusement qu'elle suivit les prescriptions formulées plus haut, et qu'elle s'astreignit à toutes leurs exigences.

Vers la fin du troisième mois d'un régime *féminisateur*, un changement remarquable s'opéra dans sa constitution : la sécheresse du corps disparut ; le tissu cellulaire combla les creux ; les saillies anguleuses s'adoucirent, et deux mois plus tard, les formes se féminisèrent ; la *virago* était transformée !... Le mari, de retour d'un voyage de quelques mois, resta stupéfait, devant la métamorphose de sa femme...

Après une grossesse, exempte d'accidents, mais non de transes d'insuccès, la mère des six garçons donna le jour à une mignonne créature appartenant au sexe féminin.

Ce cri, *c'est une fille!* retentit dans la maison de l'accouchée, et les trois familles réunies, fêtèrent joyeusement cette heureuse naissance.

Nota. — Il est indispensable de faire observer qu'on ne doit jamais changer brusquement de régime et de conduite; il faut imiter la nature qui procède graduellement en toutes choses. Donc, à l'égard les deux régimes opposés, indiqués dans l'observation qu'on vient de lire, il est de toutes nécessité d'aller doucement et avec précautions, pour ne pas heurter les habitudes du sujet; aller trop vite serait compromettre la santé de la personne, et manquer le but qu'on s'est proposé d'atteindre.

CHAPITRE XI

DE LA CALLIGÉNÉSIE

OU ART DE PROCRÉER DE BEAUX ENFANTS

L'art de procréer des enfants sains, vigoureux et bien conformés, n'est pas illusoire ; l'incrédulité doit un jour, devant la théorie, tomber d'accord avec les feits.

Si l'horticulteur est parvenu à transformer les fleurs et les fruits de peu de valeur, en leur faisant acquérir plus de développement et d'éclat, plus de saveur et de parfum qu'ils n'en possédaient. — Si l'éleveur a pu créer certaines espèces d'animaux domestiques, pour la course, le trait ou la boucherie ; — Si, enfin, les entraîneurs anglais peuvent façonner l'être humain à leur guise, c'est-à-dire produire des athlètes dont les masses musculaires vous étonnent, et des jokeys du poids de soixante livres !... pourquoi le physiologiste ne trouverait-il pas les moyens *calligénésiques* dont l'application commencerait aux époux et se continuerait sur l'enfant ? Pourquoi les époux, se conformant aux règles calligénésiques indiquées plus bas, ne pourraient-ils pas obtenir le résultat désiré ? La logique répond affirmativement.

L'histoire nous apprend que la *calligénésie* (1) et la cosmétique (2) furent pratiquées par les médecins et philosophes de l'antiquité : — Hippocrate, — Aristote, — Hérophile, — Théophraste, — Dioscoride et beaucoup d'autres savants ne crurent pas déroger à leur réputation en s'occupant de ces arts, alors honorés et tombés, aujourd'hui, dans le domaine du charlatanisme. Plus tard, des médecins gymnasiarques leur adjoignirent la gymnastique et la *cinésique* (3) ; bientôt dans les principales villes d'Asie et d'Europe, s'ouvrirent des établissements dirigés par des médecins spécialistes, dont la pratique consistait à transformer les individus des deux sexes atteints de disgraces, d'imperfections physiques et de redresser les vices de conformation. C'était l'orthopédie appliquée aux grandes personnes.

On jugera des prodigieux succès obtenus dans ces établissements, à la fois orthopédiques et cosmétiques, par le passage suivant d'un ancien auteur, Aristophane de Byzance.

« La *Cinésique* ou science des mouvements dis-

---

(1). Signifie belle procréation ; — engendrer de beaux enfants.

(2). Art d'embellir la forme humaine.

(3) *Cinésique* ou *cinésitechnie* se traduit par science des mouvements coordonnés.

tribués aux membres et aux diverses parties du corps, obtient chaque jour d'incroyables résultats : — Les sujets gibbeux, contrefaits sont redressés ; — les membres déviés sont ramenés à leur direction normale ; — les gros ventres, les seins exubérants sont diminués et comme fondus ; — le défaut contraire, c'est-à-dire les femmes dont les seins sont à peine apparents, ont la satisfaction de les voir pousser en quelques mois ; — les personnes maigres sont engraissées et les obèses dégraissés. Les médecins *cosmètes* ou embellisseurs savent modifier la couleur de la peau, pâlir les visages enluminés et teinter de rose les visages blêmes. Ils savent développer, augmenter les formes et combattre leur excès ; redresser les traits, les membres, les régions déviés ; en un mot, ils possèdent les moyens de restaurer l'organisation et la beauté humaine qui ont subi des atteintes.

C'est en faisant particulièrement usage des procédés cinésiques, sous la direction de professeurs habiles, que les Grecs parvinrent à ce haut degré de vigueur et de beauté, dont ils sont restés les types et qu'aucune nation n'a pu égaler.

Rome, sous les empereurs, devenue la capitale du monde, emprunta à la Grèce ses arts et sa science. Elle fit venir d'Athènes et de Corinthe des médecins cosmètes et orthopédistes ; elle tira de Sparte des gymnastes et des gymnasiarques préposés à l'enseignement de la gymnastique et au développement des forces musculaires. — Aré-

TÉE, médecin grec, qui vivait sous l'empereür Trajan, rapporte que plusieurs établissements de gymnastique, bâtis à Rome sur le modèle de ceux d'Athènes, étaient fréquentés par une multitude d'hommes et de femmes de toutes conditions : les une venaient y chercher un remède à leurs infirmités, ou y retremper leur constitution délabrée ; les autres, pour y restaurer une beauté que les plaisirs ou les années avaient endommagée.

Un ancien document constate qu'un des moyens les plus en usage dans ces établissements était la *Palette*. — Les percussions graduées, faites avec cette palette par un cosmète ou un gymnaste habile, produisaient de merveilleux effets, obtenaient des résultatss à peine croyables. Ainsi, les gros ventres s'affaissaient, les hanches rentrées ressortaient, les joues creuses s'arrondissaient, les épaules voûtées s'applatissaient sous les percussions de la palette... Le même document nous apprend que les marchands d'esclaves y envoyaient les sujets des deux sexes dont le corps présentait des imperfections. Les percussions graduées de la *palette* opéraient des prodiges, puisque les mêmes sujets sortaient de ces établissements, au bout de quelques mois, non-seulements débarrassés de leurs défauts corporels, mais ayant les formes et les agréments nécessaires à une bonne vente.

Beaucoup de courtisanes et même de patriciennes, fatiguées, usées par l'abus des plaisirs, fréquentaient pendant quelques mois ces établissements *calliplastiques*, afin de restaurer leurs corps et de raviver leurs charmes à demi fanés ; presque toutes obtenaient d'heureux résultats.

Cette digression sur la *calliplastie* et la *cosmétique*, ou art de modeler et d'embellir la forme humaine, chez les anciens, prouvera au lecteur que notre corps, pendant la jeunesse, est susceptible de modifications et de perfectionnements. De nombreux passages d'auteurs grecs et latins s'y rapportant, ne permettent pas de douter de la réalité de cet art.

SECTION I

DES CAUSES ANTI-CALLIPÉDIQUES

OU QUI S'OPPOSENT A LA PROCRÉATION DES BEAUX ENFANTS

S'il est facile à l'horticulteur et à l'éleveur d'améliorer les espèces de plantes et les races d'animaux domestiques, il n'en est pas de même pour le médecin, dans la question qui nous occupe, en raison des difficultés qu'il rencontre chez les époux. — Ces difficultés sont en première ligne : les mariages d'âges disproportionnés ; — le mauvais état de santé, un vice organique de l'un des conjoints, et ce qui est pire, des deux à la fois. — Les maladies héréditaires, plus multipliées qu'on ne le pense généralement. — En seconde ligne : les exigeances de notre civilisation ; — les absurdités des modes ; — les irrégularités du régime alimentaire et de la conduite ; — les passions violentes et les passions tristes ; — l'abus des plaisirs de l'amour et de ceux que prodigue la société : théâtres, concerts, bals, soirées, fêtes, dîners, soupers, etc., etc. ; — l'état maladif ou convalescent de l'un des époux ; — les affections utérines et vaginales ; — les maladies contagieuses, virulentes ; — les affections nerveuses, vaporeuses, rhumatismales, etc., etc. ; enfin, toutes les causes qui peuvent porter atteinte à la santé et à la constitution des procréateurs.

A ce compte là, objectera-t-on, il est impossible de trouver des époux qui réunissent toutes les conditions exigées, attendu qu'il est fort rare que les deux conjoints jouissent d'une santé parfaite, c'est-à-dire soient complètement exempts de toute infirmité, de toute imperfection, constitutionnelle ou acquise.

La chose est difficile, oui ; mais impossible, non. Il est des affections et des imperfections tout-à-fait locales, nullement inhérentes à la constitution, qui ne gênent en rien la libre fonction des organes. Ces sortes d'affections ne nuisent point à la fécondation et ne sauraient se transmettre à la progéniture.

C'est particulièrement dans les grandes cités que les fécondations sont défectueuses par les causes sus-mentionnées. Néanmoins, un assez grand nombre de mariages de 30 à 35 ans, plus raisonnables que les mariages au-dessous de cet âge, évitent de se livrer à l'acte reproducteur, lorsqu'ils se trouvent en des condititions défavorables.

Les petites villes de province, les villages, les hameaux, où le luxe et les vices des capitales n'ont point pénétré, produisent, en général, des enfants plus vigoureux, malgré les privations et quelquefois la misère des procréateurs. Pourquoi? — Parce qu'à la campagne on respire un air pur, on développe les muscles par l'exercice et le travail; parce qu'on s'y nourrit d'aliments grossiers, mais sains et jamais frelatés, comme cela se fait journellement dans les grands centres de population; parce que les sensualités et les abus de tous genres y sont inconnus; parce qu'on agit le jour et l'on dort la nuit; parce qu'enfin, à la campagne, tout est simple et naturel, tandis que dans les grandes villes, tout est soumis à la mode, tout est factice.

SECTION II

PRÉCEPTES CALLIGÉNÉSIQUES

BASÉS SUR LA PHYSIOLOGIE ET L'HYGIÈNE

POUR PROCRÉER DE BEAUX ENFANTS

Personne n'ignore que la bonne ou mauvaise constitution des parents se transmet aux enfants. Le lecteur qui en douterait s'en convaincra en parcourant le chapitre XVI de cet ouvrage, qui traite de l'hérédité physiologique. De plus, la transmission de l'organisation physique se lie généralement à celle de l'organisation morale. Or, d'après ces données dont l'exactitude est sanctionnée par les faits de tous les temps, les époux qui veulent obtenir une belle progéniture, et tous le désirent, devront se préparer d'avance par une conduite sage et régulière, à l'acte procréateur. Ils doivent bien se convaincre que l'état physique et moral dans lequel ils se trouveront au moment de l'acte, influera sur la fécondation et la constitution de l'être futur.

Les principales conditions exigées pour obtenir des enfants bien conformés, sains et vigoureux, se rapportent à l'âge et au tempérament, à l'état de santé et à la bonne organisation des procréateurs. — Les autres conditions se rapportent à l'état nerveux de la femme au moment du coït, et à sa conduite pendant la grossesse. — Viennent ensuite les conditions d'allaitement, de sevrage, d'alimentation, et les préceptes d'éducation corporelle qui concernent l'enfant. (Voyez notre *Hygiène de la beauté*, où se trouve exposée *l'éducation corporelle* des enfants, pour développer leurs muscles, leur adresse et consolider leur santé.

§ I

Age

L'Age le plus favorable aux saines et belles procréations, est de 25 à 45 ans, pour l'homme; de 20 à 35 pour la femme. C'est la phase de la vie où les aptitudes physiques se déploient dans toute leur énergie. Passé cet âge, la fonction génitale s'affaiblit graduellement chez l'homme jusqu'à la soixantième année, époque à laquelle il serait raisonnable de dire adieu aux amours. De soixante à soixante-dix ans, les érections deviennent de plus en plus molles et la liqueur spermatique moins consistante et plus rare. Chez le septuagénaire, la fonction génitale s'est endormie pour ne plus se réveiller. Si, très-rarement, quelques velléités amoureuses saisissent le vieillard, c'est l'imagination, la folle du logis, qui demande...... mais l'organe refuse, presque toujours de la servir.

Les fécondations opérées par des procréateurs avancés en âge, sont généralement défectueuses. Les enfants, issus d'un père qui a dépassé sa cinquante-cinquième année et d'une mère qui s'approche de l'âge critique, sont délicats, chétifs, peu viables, et portent, sur leur physionomie l'empreinte d'une précoce vieillesse.

Les Grecs, et plus tard les Romains, au temps de leur glorieuse république, décrétèrent une loi qui défendait à l'homme, âgé de plus de cinquante ans, d'épouser une jeune fille; — à la femme, ayant dépassé la quarantaine, de s'unir à un jeune garçon. — L'homme et femme qui avaient atteint la limite d'âge, prononcée par la loi, étaient libres de se marier entre eux; c'est-à-dire que le sexagénaire pourrait s'unir à une femme de 45 à 50 ans, et celle-ci à un époux de 60 ans et au-dessus. — Cette sage loi atteignait le double but de s'opposer à la dégradation de la race, et à l'immoralité des mariages d'âges disproportionnés.

§ II

Tempéraments

Les unions de deux tempéraments semblables ne produisent pas d'aussi beaux fruits que celles de deux tempéraments opposés. Ainsi, deux époux lymphatiques, à cheveux blonds, procréeront des enfants lymphatiques à chairs molles, au tissu cellulaire rempli de sucs, et dont la lenteur des mouvements contraste avec la vivacité des enfants sanguins et nerveux. — Deux tempéraments sanguins purs donneront le jour à des enfants sanguins quelquefois roux, dont le teint pourra s'élever au rouge cramoisi, qui pourront devenir pléthoriques et plus tard être frappés d'apoplexie. — Deux tempéraments bilieux purs engendreront des enfants au teint brun, parfois olivâtre, qui auront à redouter les maladies du foie. — Ces tempéraments produisent aussi des hypochondriaques. — Deux tempéraments nerveux purs procréeront des enfants à corps grêle d'un caractère vif, impressionnable à l'excès, et qui sont condamnés, d'avance, à toutes les tristesses, à toutes les amertumes qui accompagnent les maladies nerveuses.

Une longue expérience a démontré péremptoirement que l'alliance de deux tempéraments opposés donne de plus beaux fruits que l'union de deux tempéraments semblables. Nous avons donné dans notre *Hygiène du mariage*, des explications précises sur la manière de connaître les quatre tempéraments et de diriger son choix dans l'alliance des tempéraments opposés. *Voyez cet ouvrage.* — Les parents qui ont des enfants à marier; les jeunes gens, en âge de raison, qui n'ont pas encore formé de nœuds indissolubles, et qui tiennent beaucoup plus à la bonne constitution qu'à la dot de leur future épouse, agiront sagement, dans leur intérêt et dans celui de leur progéniture, de contracter mariage d'après ces notions physiologiques.

SECTION III

DE L'ÉTAT DE SANTÉ OU DE MALADIE DES PROCRÉATEURS, CONSIDÉRÉ DANS SES CONSÉQUENCES SUR LA PROGÉNITURE

Le mariage ne devrait être permis que lorsque les deux contractants jouissent d'une bonne santé; dans le cas contraire, le mariage est réprouvé de la nature, de la morale et devrait être défendu par la loi. Cela était autrefois... La loi doit assurer d'abord l'intérêt général avant de s'occuper des intérêts particuliers. — L'intérêt d'une nation est de posséder le plus grand nombre possible de citoyens sains de corps et d'esprit; or, les mariages qui ne produisent que des êtres défectueux au physique et au moral, sont une perte et une charge pour la nation.

Il n'est personne, même les plus ignorants, qui ne sachent que si l'un des procréateurs est mal portant, débile, usé, les enfants qu'il engendrera se ressentiront de son état; a plus forte raison, si les deux procréateurs sont affligés d'une mauvaise santé, d'un vice originel. La raison physiologique exige que le mariage soit retardé jusqu'au jour où leur santé sera rétablie et leur constitution restaurée par un triple traitement médical, hygiénique et gymnastique; alors, seulement, le mariage pourra donner des fruits satisfaisants.

§ III

Les éleveurs intelligents de bestiaux, choisissent toujours les plus beaux, les plus vigoureux pour les accoupler et avoir de beaux produits; ils recherchent, autant que possible, l'harmonie relative dans l'âge, la santé, la force et la beauté des sujets qu'ils accouplent. L'expérience leur a fait acquérir la preuve que lorsqu'il existait des dissemblances entre le mâle et la femelle, ou une aversion marquée, l'un pour l'autre, les produits étaient inférieurs, défectueux, mauvais.

Si les éleveurs apportent tant de soins dans le choix des sujets qu'ils accouplent, à plus forte raison, les parents qui s'occupent du mariage de leurs enfants, devraient-ils déployer toute leur sollicitude, toutes leurs lumières pour cet acte solennel d'où dépendra le bonheur, la bonne constitution et la santé de la nouvelle famille.

Oui! nous le répétons, les unions entre individus antipathiques, chétifs, contrefaits, gibbeux ou atteints de vices héréditaires devraient être strictement prohibées par la loi. — Vous attentez à la liberté individuelle, dira-t-on; de quel droit condamnez-vous au célibat l'épileptique, le phthisique, le névrosique, le scrofuleux, le rachitique, le crétin qui veulent se marier?

Du droit de la morale et de l'humanité; car en physiologie comme en morale ce serait un bienfait, pour la société que de s'opposer à ces hideux mariages d'individus émaciés par la misère, usés, pourris par les débauches, brûlés par l'alcool, qui croupissent dans l'ordure des bouges et, vont presque tous mourir, avant l'âge, sur un lit d'hôpital. Les enfants issus de tels parents, sont généralement frappés d'une tare physique ou morale, et portent sur les traits les hideux stigmates de leur origine. Les bagnes, les prisons, les maisons d'aliénés sont en partie peuplés de ces malheureux. C'est une affreuse vérité..... — Ce serait un bienfait, pour le pays et les mœurs; que de proscrire les unions de sujets, reconnus atteints de maladies et de vices constitutionnels héréditaires; car de telles unions sèment tous les jours, dans la société des êtres infirmes et contrefaits, dont l'amère existence est une accusation permanente contre leurs procréateurs. — Oui! la proscription de semblables mariages serait une loi d'utilité sociale.

Les Grecs et les Romains interdirent strictement

ces sortes de mariages; et ce furent de grands peuples à qui nous sommes redèvables de notre civilisation. Pourquoi ne pas les imiter sur ce point? La question des maladies et vices héréditaires dont nous nous occuperons au chapitre **Hérédité** de cet ouvrage, est admise par les médecins de tous les pays, et ne soulève plus de contestation. — Plusieurs de ces maladies et vices physiques furent autrefois, un cas *dirimant*, c'est-à-dire un empêchement au mariage. Il serait vivement à désirer, dans l'intérêt de la race et de la société, qu'on les inscrivît de nouveau dans le code de nos lois.

§ IV

De l'organisation physique et morale des Parents

Les bonnes et les mauvaises qualités des procréateurs, déterminent en général, les bonnes et mauvaises qualités des êtres procréés.

Nous savons déjà que la santé du corps est une des conditions calligénésiques; il faut encore y ajouter la santé morale.

Nous entendons par santé morale la paix du cœur et la sérénité de l'âme.

La santé du corps s'obtient et s'entretient par

la modération en toutes choses, et par une alimentation saine et suffisante.

La santé morale se trouve dans une éducation dégagée de toute croyance superstitieuse; dans le libre exercice de l'intelligence ouverte au bien et fermée au mal.

Les procréateurs qui possèderont ces deux éminentes qualités, auront pour eux, toutes les probabilités, sinon la certitude de les transmettre à leurs enfants.

SECTION VI

DES CAUSES NUISIBLES A UNE BONNE FÉCONDATION

Tous les jours et tous les moments ne sont pas également favorables aux bonnes fécondations. Les époux qui se livrent intempestivement aux plaisirs sexuels. commettent une faute grave dont ils auront, plus tard, le repentir; parce que si la fécondation s'opère dans un moment néfaste, l'enfant qui naîtra, sera tôt ou tard, victime de l'incontinence de ses procréateurs.

Les causes qui se renouvellent le plus fréquemment, sont : — *Les fatigues du corps et de l'esprit.* — Les veilles prolongées soit en partie de plaisir, soit dans les travaux de cabinet. La tête et le corps se fatiguent également par des exercices ou une contention d'esprit trop longtemps soutenues. — Les époux doivent attendre que le repos ait réparé les pertes nerveuses qu'ils ont faites; car si à ces pertes non réparées, ils ajoutent encore celles que leur causera l'acte sexuel, ils éprouveront sans nul doute, un épuisement plus profond qui retentira dans les organes génitaux, et nuira positivement à la fécondation.

Les émotions fortes, accablantes, telles que l'effroi, l'horreur, l'épouvante!..... — *Les passions ardentes, fougueuses*, comme la jalousie, la colère, la fureur, la vengeance!... *Les passions tristes, débilitantes*, telles que l'envie, la crainte, les déceptions, la misanthropie l'ennui de la vie, le désespoir! — Enfin, toutes les émotions, passions et situation violentes qui ébranlent l'arbre nerveux sont nuisibles et bien souvent funestes à la fécondation de l'œuf humain. Les époux qui doivent nécessairement tenir à la santé et à la vie de leur progéniture, attendront que le calme soit tout-à-fait rétabli, dans leur organisation agitée, avant de livrer à l'acte génital.

L'alcoolisation, l'ivresse de l'un des conjoints et ce qui est plus grave, l'ivresse des deux à la fois, est la cause la plus affreuse, la plus terrible des dégradations de notre espèce. — Les relevés faits dans plusieurs grandes villes d'Europe, établissent que les enfants engendrés par des parents en état d'ivresse, succombent dès le bas âge à des convulsions mortelles, où portent en eux les germes d'une dégradation physique et morale : les paralysies partielles, l'épilepsie, la chorée, les tremblements nerveux, l'idiotisme, le crétinisme, la folie, etc.!.... Tels sont les terribles effets de l'ivresse des procréateurs sur les êtres engendrés. N'est-ce pas épouvantable? ....

Le cas de maladie. — Nous croyons inutile de dire que dans les cas de maladie ou de convalescence de l'un des conjoints, le rapprochement sexuel est strictement défendu, dans l'intérêt du malade et de la fécondation.

Pour mieux graver dans l'esprit du lecteur les causes nuisibles à la progéniture, nous résumerons les empêchements du coït, dans les quatre préceptes suivants :

1° S'abstenir strictement de la copulation, après les grandes fatigues de l'esprit et du corps; et pendant le travail de la digestion.

2° Après les accès passionnels et les émotions violentes qui ont troublé l'équilibre nerveux de l'organisme entier.

3° Abstention complète, absolue du coït pendant et après l'ivresse; pendant toute excitation alcoolique des organes, et particulièrement du cerveau; car, il n'est pas d'influence plus pernicieuse, de cause plus funeste à la progéniture.

4° Le coït est sévèrement défendu pendant toute maladie, toute indisposition et tout malaise. Le pratiquer lorsque l'organisation est en souffrance, lorsque la santé est dérangée, c'est aggraver le mal et opérer une fécondation défectueuse; c'est de la part des procréateurs une coupable imprudence, dont ils auront plus tard, l'amer repentir.

SECTION V

UN DES CÔTÉS DE L'ORGANISATION FÉMININE (physique et morale); — DES ÉGARDS QU'EXIGE LA FEMME DE LA PART DE L'HOMME

D'une organisation délicate et nerveuse, la femme est soumise à des tributs périodiques dont les irrégularités assez fréquentes (nous parlons de la femme des cités), influent positivement sur sa santé et sur son caractère.

A ces époques elle est très-impressionnable; elle éprouve des agacements, des impatiences, qu'il lui est difficile de maîtriser. La moindre contrariété l'afflige et parfois l'irrite, comme aussi une légère attention, une simple parole affectueuse la calme et dissipe sa mauvaise humeur. — Aujourd'hui elle est aimable, souriante, prête à recevoir et à donner des caresses; demain elle est triste, muette; tout la fatigue et l'ennuie;

elle s'isole, recherche la solitude...... et lorsque vous la croyez plongée dans un profond abattement, vous la voyez, tout-à-coup, alerte et joyeuse s'élancer au devant du plaisir..... Telle est la femme nerveuse, à certains jours de son tribut mensuel.

Ces inégalités de caractère, ces oscillations d'humeur, ont leur source dans une organisation éminemment impressionnable. L'homme bien élevé intelligent, qui veut être aimé de sa femme, doit étudier son état physique et moral, et ne jamais exiger d'elle des caresses dans un moment inopportun.

Les divers états nerveux que nous venons de signaler à l'attention du mari, sont des plus défavorables à une bonne fécondation. Or, comme il n'est point de père qui ne désire avoir une progéniture saine de corps et d'esprit, il devra, pour l'obtenir, suivre exactement les préceptes calligénésiques indiqués et ne jamais s'en écarter.

La femme, avons-nous dit, est un être fort impressionnable et d'une exquise sensibilité; elle sait apprécier les bons procédés, les attentions de l'homme, à son égard, et lui en donne des preuves, à l'occasion. Mais, elle est aussi d'une excessive susceptibilité aux manques d'égards, aux impolitesses, aux paroles dures, aux fatigantes importunités, aux grossièretés sensuelles........ sa pudeur en rougit; cette conduite indélicate l'afflige, et souvent elle en garde rancune. C'est pour ces motifs, qu'on rencontre tant de mariages d'où le bonheur et la paix se sont enfuis.

Vous, qui ambitionnez l'amour et l'estime de votre compagne, soyez toujours doux, aimable, et prévenant avec elle; n'exigez, ne commandez jamais en affaires d'amour. — Lorsque le désir vous presse, si votre femme n'est point disposée à vous accorder ce que vous lui demandez, ne montrez jamais d'impatience, surtout de mauvaise humeur!... Ce serait une faute grave, dont vous pourriez vous repentir... Remettez la partie à une autre heure, à un autre jour, soyez-en sûr, on vous en tiendra compte prochainement..... Si, au contraire, vous prenez de force ce qui doit être donné librement et avec amour, vous satisfaites un besoin brutal pour goûter un plaisir qui n'est point partagé... et... vous vous perdez dans l'esprit de votre femme.

En pareille circonstance, combien il serait préférable et plus profitable, à la fois, de vous excuser de l'inopportunité de votre demande et de vous retirer en lui baisant la main.

La femme est capricieuse; ce qu'elle repoussait tout-à-l'heure, elle le désire à présent; douée d'une exquise sensibilité, les petits soins affectueux, une aimable complaisance la touchent; une attention délicate, une soumission momentanée à ses fantaisies, une excuse à ses faiblesses, l'émeuvent et la vainquent... Elle éprouve bientôt le regret du refus qu'elle a fait à son mari; elle en souffre... Elle l'appelle et court se jetter dans ses bras; parce qu'il est aussi bon qu'aimable; parce qu'il a compris et respecté l'état moral où elle se trouvait au moment du refus. Elle en est reconnaissante et se donne toute entière à lui.

Vous le voyez, pour obtenir de sa femme tout ce qu'on désire, il ne s'agit que d'étudier son caractère et de baser votre conduite sur les diverses situations physiques et morales où elle se trouve. Le moyen est fort simple; pratiquez-le, vous serez aimé et aurez de nombreuses chances d'engendrer de beaux enfants.

SECTION VI

LES PRÉLIMINAIRES DE LA FÉCONDATION

Nous voici arrivé à l'endroit le plus délicat de l'ouvrage : nous devons tracer, sans effaroucher les oreilles pudibondes les conseils calligénésiques avant, pendant et après le rapprochement sexuel.

§ V

Préceptes concernant l'épouse

Quelques jours avant et pendant le cours de ses règles, la femme évitera soigneusement toutes les causes, toutes les influences physiques et morales qui pourraient en arrêter ou en contrarier le cours, telles que : les émotions violentes, les profonds chagrins, les joies excessives, — les fatigues du corps, — les aliments acides, fermentés, — les repas trop copieux, les indigestions, — les variations brusques de température, — l'air épais et vicié des théâtres, salles de concerts, etc. elle évitera toutes les sensations pénibles, désagréables, et s'entourera de tout ce qui peut lui procurer la sérénité du cœur et de l'âme. — La femme, bien conformée génitalement, qui pratiquera ces préceptes, acquerra toutes les chances d'une fécondation saine, heureuse, et plus tard, de donner le jour à un bel enfant, si toutefois, aucun accident ne vient contrarier le travail de la grossesse.

§ VI

Préceptes concernant l'époux

Plusieurs des recommandations précédentes s'adressent aussi à l'homme et il est important qu'il les suive; de plus :

Il s'abstiendra de ces grands dîners qui fatiguent l'estomac, surtout des boissons alcooliques dont les effets pernicieux sur la fécondation et le fœtus, sont confirmés par l'expérience. Il sera continent pendant les huit jours qui précèderont l'acte calligénésique, dans le but d'augmenter la plasticité, la vitalité de la liqueur fécondante. Il évitera les fatigues physiques et morales pour être frais et dispos au jour du rapprochement.

§ VII

Nature des Caresses

Les caresses amoureuses doivent toujours s'obtenir par la douceur et jamais par la foce. L'homme doit saisir l'instant où la femme est disposée à les accorder et mieux encore, lorsqu'elle éprouve le besoin de les recevoir; le plaisir est alors réciproque. — Les caresses qu'on exige et qu'on obtient par importunité, les caresses auxquelles la femme se soumet pour se débarasser d'un être importun qui la fatigue et l'énerve, sont brutales, et nullement favorables à une belle fécondation ; c'est pourquoi la sage nature a voulu, dans l'intérêt de l'espèce, que la plupart de ces caresses restassent stériles.

§ VIII

SOUS LES RIDEAUX

Homme, préludez délicatement aux caresses que vous allez donner et recevoir; redoublez d'amabilité envers votre épouse; renouvelez-lui les doux serments de la lune de miel; dites-lui qu'elle est belle et séduisante comme aux premiers jours du mariage; jurez-lui un amour sans fin, un dévouement sans bornes; sur vos traits épanouis, qu'elle lise le bonheur que vous lui demandez. La femme éprouve tant de plaisir à savoir qu'elle est adorée!... Et quand vous l'aurez charmée de vos harmonieuses paroles, enivrée de vos baisers; lorsque son muet sourire et ses prunelles humides vous annonceront que ses désirs sont montés au diapazon des vôtres, ne tardez plus; le moment de la suprême caresse est arrivé!... Enlacez-là de vos bras, pressez-la sur votre cœur...., guidez-vous sur ses yeux pour modérer ou hâter vos transports... Alors... vos feux et vos soupirs se confondront dans une mutuelle ivresse..........

....«....

....

. . . La fécondation qui s'opère dans cette voluptueuse communion de l'âme et des sens, donne généralement de beaux fruits.

§ IX

Existe-t-il des signes affirmant la fécondation pendant l'acte sexuel?

La réponse est négative. — Le seul vrai signe de la fécondation, le signe affirmatif chez les

5.

femmes *régulièrement réglées*, est la non-apparition de leurs règles à l'époque accoutumée. Chez les femmes à menstruation *irrégulière*, ce signe n'offre point la même certitude; il faut attendre avant de se prononcer.

Quelques femmes ont prétendu qu'au moment où la liqueur prolifique pénétrait dans leurs organes, avoir ressenti un tressaillement profond et tout particulier, dont elles n'ont pu se rendre compte. Nous objecterons que ces cas rares sont fort douteux; parce que, d'une part, la fécondation peut s'effectuer pendant le sommeil naturel et le sommeil léthargique, sans que la femme ait eu conscience de l'acte sexuel; parce que, d'autre part, beaucoup de femmes affirment ce qui n'est pas, dans l'espoir de s'attacher plus étroitement l'homme qui partage leur couche. Ont-elles tort ou raison? — Ceci ne regarde point le physiologiste. Mais, nous ferons observer que ce tressaillement profond qu'elles disent avoir ressenti, lorsque toutefois elles l'ont réellement éprouvé, n'est autre chose que le spasme vénérien, provoqué par les frottements plus ou moins répétés du clitoris; la fécondation n'est pour rien dans cette circonstance.

CHAPITRE XII

DE LA GROSSESSE

ET DES SOINS QU'ELLE RÉCLAME

Du jour où le travail de la grossesse commence, la femme doit se dévouer à l'être qu'elle nourrit dans son sein. Toutes les mères désirent invariablement des couches heureuses et un bel enfant. Or, pour obtenir ce beau résultat, il n'est besoin que d'adopter et de suivre un régime alimentaire convenable et une règle de conduite favorable au maintien de leur santé et à la belle croissance de leur fruit.

§ I

Régime alimentaire

La femme enceinte se nourrira de substances alimentaires riches en principes nutritifs, et de facile digestion. Le nombre des repas et la quantité des aliments seront réglés sur son appétit et sur les forces digestives de son estomac. Elle exclura de sa table les viandes salées, fanées ou faisandées et, en général, tous les mets échauffants. Elle fera acte de sagesse en se privant de pâtisseries suant le beurre, d'entremets gras, toujours assez lourds à passer. Les aliments gélatineux, les viandes blanches rôties, les confitures, compotes, et les boissons délayantes conviennent particulièrement aux femmes dont le gros intestin est paresseux; ce qui les rend sujètes à une constipation, quelquefois très-incommode, et qui exige l'injection rectale.

Les liqueurs alcooliques, le café noir et le thé vert seront proscrits pendant la grossesse; les excitants de ce genre, peuvent-être dangereux.

De nombreuses observations médicales tendent à établir que les femmes qui s'alcoolisaient antérieurement, et qui continuent à s'énivrer pendant leur grossesse, donnent souvent le jour à des enfants idiots, crétins, épileptiques ou affectés de toute autre dégradation physique et morale. Il n'en est pas de même du café et du thé au lait; les femmes habituées à ces boissons, peuvent en continuer l'usage, sans inconvénient.

On doit souvent respecter les habitudes; priver brusquement la femme enceinte d'un aliment ou d'une boisson, dont elle use à chaque jour, avec plaisir, n'est pas logique. Nous pensons que, si le café et le thé *purs* sont excitants, ils perdent cette propriété quand ils sont largement coupés de lait. Le seul inconvénient qu'offre le café au lait c'est de séjourner longtemps dans l'estomac et d'effacer l'appétit. — L'expérience a prouvé que, pour être digéré, le lait doit, préalablement, être caillé par le suc gastrique; le café possède la singulière propriété de s'opposer au caillement du lait; d'où il résulte qu'il séjourne cinq à sept heures dans l'estomac, avant de passer dans l'intestin; pendant ce temps, la faim ne se fait pas sentir; c'est ce qui a fait dire à un expérimentateur éminent, que le café au lait ne nourrissait que fort peu; mais qu'il empêchait de *dénourrir*. Voyez le pourquoi dans notre HYGIÈNE ALIMENTAIRE (1).

La température des boissons n'est pas chose indifférente pour la femme enceinte; trop froides elles sont dangereuses par la vive impression qu'elles produisent; — trop chaudes elles ont aussi leurs inconvénients.

SECTION I

Plus la femme avance dans sa grossese et plus elle doit porter une sérieuse attention sur ses fonctions digestives et exonératrices. La santé de

---

(1) *Hygiène alimentaire;* indiquant la composition chimique, la qualité et les propriétés de toutes les substances alimentaires, leur richesse en principes nutritifs, leur divers degrés de digestibilité, etc.

son fruit dépend de la sienne; les indispositions qu'elle éprouve retentissent toujours sur lui, c'est un fait incontestable. Or, elle devra, nous le répétons, régler sa nourriture sur les besoins de son estomac; lui donner ou attendre selon qu'il demande ou se tait. Nous lui recommandons de se défier de ces perversions d'appétit, appelées *envies* de femmes enceintes, qui ne sont que les symptômes d'une affection nerveuse des voies digestives, s'irradiant au cerveau, qu'il est souvent dangereux de satisfaire, et qu'on doit toujours combattre par la raison.

Pourquoi se forcer à manger, lorsqu'il y a inappétence? Pourquoi ne pas suivre l'instinct de l'estomac fatigué, qui demande à se reposer? — Il faut que je nourisse mon enfant, répond la femme ignorante; si je me force à manger, c'est pour qu'il ne pâtisse point. Cette femme devrait suivre l'exemple de sa chatte ou de sa chienne, qui, guidées par l'instinct, ne mangent point, lorsqu'elles n'ont pas faim. — Je n'ai pas faim de ceci, dit cette autre femme, mais j'ai une folle envie de cela...

Oh! oui, bien folle..., car souvent elle mange des choses malsaines, répugnantes... Cette grave erreur, ce dangereux préjugé que perpétuent les commères, est des plus préjudiciables à la mère et à l'enfant. La femme raisonnable s'affranchit de ce préjugé stupide et ne tarde pas à s'en applaudir. En effet, lorsque l'appétit lui fait défaut, c'est un avertissement que lui donne son estomac et qu'elle écoute; satisfaire les envies qui naissent de l'imagination, c'est mépriser cet avertissement et se préparer des douleurs pour plus tard.

En résumé, la femme intelligente, doit diminuer la quantité de ses aliments aussitôt qu'elle éprouve une perte d'appétit, un malaise ; il y aurait sagesse de sa part de supprimer un repas, si l'inappétence continuait, parce que la perte de l'appétit annonce une mauvaise disposition, une irritation ou une fatigue de l'estomac. Si dans cet état elle persiste à ne pas écouter l'avertissement de la nature, c'est-à-dire à manger comme précédemment, les digestions deviennent de plus en plus laborieuses, l'estomac fatigué refuse et l'indigestion se manifeste par le vomissement ou la diarrhée; l'indigestion chez la femme enceinte est toujours nuisible au fœtus qui reçoit de sa mère des sucs mal élaborés. Les indigestions fréquentes enraient le développement de l'enfant et sont une cause de rachitisme de scrofules, et quelquefois de monstruosité. Une violente indigestion peut provoquer l'avortement?..., Ce grave accident mérite réflexion.

SECTION II

DE L'HABITATION, DES VÊTEMENTS, DES EXERCICES ET DES DISTRACTIONS PENDANT LA GROSSESSE

Habitation

Un local spacieux, bien aéré, éloigné de toute cause d'insalubrité, est une des conditions favorables à la femme enceinte. L'exposition de la chambre à coucher n'est pas indifférente; on doit, autant que possible, choisir la pièce qui regarde l'Orient. — La propreté de l'appartement, le renouvellement de l'air, plusieurs fois par jour; l'aération des diverses pièces qui composent le lit, sont indispensables. L'air confiné, réceptacle des gazs de la respiration et des émanations du corps, est nuisible à l'importante fonction des poumons : Cet air ne contenant plus la quantité d'oxygène nécessaire pour métamorphoser le sang noir veineux en sang rouge artériel; il s'ensuit, évidemment, que le sang artériel, a perdu de ses qualités vivifiantes. La femme intelligente comprendra que si son sang est vicié, le sang du fœtus le sera également.

Les odeurs fortes, suaves ou nauséabondes sont également à redouter des femmes nerveuses enceintes; car, elles peuvent occasionner des céphalalgies, des maux de cœur, des faiblesses et même des défaillances.

§ I

Des vêtements

Les législateurs de l'ancienne Grèce et des Romains avaient édicté une loi qui défendait aux femmes enceintes de se serrer la taille avec des ceintures, et qui les obligeait à porter des robes dont l'ampleur permit à la matrice et au fœtus de se développer en toute liberté. — Le mot *enceinte*, dans son acception primitive, signifiait privée de ceinture, parce qu'à Rome les coquettes du grand monde avaient la manie de se serrer la taille et de comprimer les seins. Cette loi, qu'on devrait remettre aujourd'hui en vigueur, diminuerait, sans nul doute, le nombre si grand des accouchements laborieux, des enfants infirmes et contrefaits.

Si les vêtements trop étroits, si les ceintures et particulièrement le corset ont de graves inconvénients pour les femmes à l'état ordinaire, ces inconvénients augmentent en gravité pour la femme enceinte!... Que nos lectrices veuillent bien lire attentivement ce qui suit.

§ II

Avertissements donnés par le fœtus à la mère

A partir du sixième mois de sa grossesse, la femme doit redoubler de précaution; son fruit se développe chaque jour; il a acquis une longueur de 30 à 35 centimètres, et un poids de 600 à 700 grammes; il s'agite dans l'utérus, et, par ses mouvements brusques, indique la gêne qu'il éprouve de certaines positions du corps de sa mère. Ces mouvements sourds, plusieurs fois répétés, sont des avertissements qui doivent tenir en éveil la prudence de la femme, relativement à ses attitudes et à ses vêtements. Si une coquetterie intempestive; si les absurdes usages du monde et les modes, plus absurdes encore, l'avaient forcée jusqu'ici à conserver des vêtements qui ne conviennent plus à sa position présente, elle devra s'en affranchir immédiatement, et prendre d'autres vêtements dont l'ampleur permette aux organes de la gestation de se développer en toute liberté.

—

§ III

Le Corset

La pression continue que le corset exerce sur la base des seins met obstacle à la circulation du sang dans les glandes mammaires. Supposons, par exemple, que le sang qui doit être distribué à ces glandes, soit de 100 grammes par heure; s'il n'en arrive que 50, l'organe ne recevant point de nourriture suffisante languit nécessairement et s'atrophie; c'est ce qui fait, qu'en général, les femmes à taille mince sont dépourvues de ces charmants organes, le plus bel ornement du corps (1).

Les femmes qui, par des raisons particulières, s'obstinent à garder leur corset pendant les derniers mois de leur grossesse, commettent une grave imprudence. En effet, la sensibilité du sein, déjà augmentée par le gonflement naturel qui précède l'époque où il doit remplir sa fonction, s'exaspère, et ces glandes deviennent le siége de très-vives douleurs.

Si de la poitrine nous descendons à la taille,

---

(1) Voyez le très-utile ouvrage de *l'Hygiène de la poitrine des pieds et des mains*, dont la lecture a préservé un grand nombre de dames, de plusieurs disgrâces et infirmités.

nous voyons que le corset, les liens ou la ceinture compriment les côtes, les poumons, le cœur, l'estomac, la partie supérieure du foie et le premier intestin. C'est pourquoi les demoiselles et les femmes à taille fine sont maigres, chétives, pâles, exsangues, n'ont point d'appétit et digèrent difficilement. Beaucoup, parmi elles, ont l'haleine forte et sont affligées d'une infirmité particulière à leur sexe.

La pression sur le ventre offre des dangers non moins graves pour la mère et son fruit. Cette pression du corset nuit au développement de la matrice qui augmente de volume en raison directe de la croissance du fœtus; elle force quelquefois cet organe à prendre une position vicieuse, qui est une cause de déformation de l'enfant et quelquefois d'un avortement. On cite même des cas où l'accouchement naturel ne pouvant avoir lieu, on a été forcé d'avoir recours aux instruments obstétricaux!... accouchement bien souvent funeste à la mère ou à l'enfant.

Il est également dangereux, pendant les derniers mois de la grossesse, de comprimer, de serrer les jambes au-dessus ou au-dessous du genou avec des jarretières peu élastiques, parce que la pression qu'exerce le poids de la matrice sur l'origine des vaisseaux qui, du bassin, se distribuent aux parties inférieures des jambes, les prédispose aux engorgements œdémateux et aux dilatations variqueuses. — Les chaussures trop étroites ont aussi leurs inconvénients, en mettant obstacle à l'ascension du sang veineux et aux fonctions des vaisseaux lymphatiques.

Nous suspendons ici notre narration sur la femme enceinte, pour donner à l'époux un conseil qui intéresse la mère et l'enfant.

§ IV

Recommandation de haute importance, s'adressant aux pères

Si, parmi les animaux, on rencontre moins de difformités, c'est qu'ils suivent l'instinct naturel et ne s'accouplent que pour perpétuer leur espèce.

L'homme, en les imitant, ferait preuve de sagesse; mais, le plus grand nombre ne savent point réfréner leurs désirs; ils sacrifient à un instant de plaisir, la bonne constitution de l'être futur.

Aussitôt après le rapprochement et la fécondation, les femelles s'isolent et repoussent les mâles; le temps du rut écoulé, ces derniers ne les recherchent plus.

Dans l'espèce humaine les choses se passent autrement : les excitants de tous genre que multiplie notre civilisation, font naître des désirs qu'il est fort difficile de réprimer : les jeunes époux cèdent ordinairement à l'amour, à l'attrait du plaisir; — leur résister est presque impossible....

Mais, alors, qu'ils veuillent bien écouter et suivre ces avis :

La bonne conformation, la santé, la vigueur de l'enfant, dépendent, en grande partie, de la conduite d'intime des deux époux pendant la gestation. Donc, à partir du sixième mois de la grossesse, les rapports sexuels doivent être interdits, par la raison plausible que la pression qu'exerceraient ces rapports sur le ventre ou les flancs de la mère et l'ébranlement nerveux qu'ils pourraient occasioner dans son système génital, nuiraient au libre développement du fœtus. Si le mari n'était pas assez raisonnable pour s'en abstenir, sa femme doit les lui refuser dans l'intérêt de l'être futur et de sa propre santé; car il est constaté par l'expérience que les hémorrhagies utérines, les ulcérations et indurations de la matrice, les couches difficiles, les vices de conformation et autres désordres organiques de la mère et du nouveau-né, sont très-souvent dus aux jouissances vénériennes pendant les derniers mois de la grossesse. Pour conjurer de tels malheurs n'est-il pas du devoir des époux de s'abstenir?.... Enfin, dans les cas exceptionnels, où l'on ne pourrait réfréner la violence des désirs, l'acte devra s'accomplir doucement, et dans l'attitude *a retro,* afin de n'exercer aucune pression sur l'abdomen de la femme. De son côté, la femme, guidée par son instinct maternel, se montrera plus raisonnable que l'homme, en restant indifférente physiquement. Elle se rappellera que le fœtus, en voie de formation, dans son sein, est presque gélatineux : la tête, la colonne vertébrale, les os de ses membres supérieurs et inférieurs sont d'une flexibilité, d'une malléabilité telle, que la plus légère pression, le plus petit choc altérerait leur conformation; une convulsion, le spasme vénérien retentissant sur la matrice, pourrait les déformer et leur imprimer une direction vicieuse. Les personnes, étrangères aux phénomènes de la vie *intra-utérine*, s'étonnent de voir une femme bien constituée physiquement, donner le jour à un enfant chétif, difforme, contrefait? Et cependant le fait est logique; il est la conséquence naturelle des causes précitées. Les époux n'auront point à se reprocher ce malheur s'ils pratiquent consciencieusement nos préceptes calligénésiques.

SECTION III

RÈGLE DE CONDUITE DE LA FEMME CONCERNANT LES EXERCICES PHYSIQUES ET LES DISTRACTIONS

Une vie trop molle, trop sédentaire, de même que les exercices violents et les fatigues sont également nuisibles à la grossesse. La femme enceinte doit s'interdire la danse, la course, l'équitation et la voiture mal suspendue; — elle se livrera aux promenades en plein air, mais de courte durée. — Les occupations de l'intérieur qui exigent du mouvement lui sont favorables. — Elle s'abstiendra de fréquenter les théâtres, les bals, les concerts et autres lieux de réunion publique où l'air vicié, par des émanations insalubres de la foule, est tout à fait défavorable à la formation d'un sang pur. — Elle devra choisir des distractions plus en harmonie avec sa position : le jardinage, la culture des fleurs et les délassements de la campagne dans la belle saison. — Pendant les journées pluvieuses ou tourmentées par les vents et les orages, les arts d'agréments, si elle en possède quelques-uns, la musique, la peinture, la broderie, la littérature lui offriront d'heureuses distractions. En hiver, les sociétés d'amis, les soirées intimes et encore, ici, les arts d'agréments qui abrègent les heures et charment nos loisirs.

SECTION IV

DES BAINS

DES INJECTIONS INTESTINALES ET DE LA SAIGNÉE PENDANT LA GROSSESSE

Les opinions des médecins sont variables sur l'usage des bains pendant la période de la gestation; les uns les ordonnent, les autres les proscrivent. Nous pensons avec beaucoup de praticiens éclairés par une longue expérience, qu'il est des cas où les bains sont très-utile, comme aussi il en est d'autres où ils sont dangereux.

Les femmes grasses, à constitution molle, lymphatique doivent s'abstenir du bain chaud, parcequ'il aggraverait les inconvénients attachés à leur constitution. Néanmoins, elles ne négligeront pas les ablutions de propreté.

Les femmes d'un tempérament bilieux et nerveux, feront usage du bain tiède avec avantage, parce qu'il calmera leur irritabilité qu'augmente assez fréquemment la grossesse. Dans plusieurs cas ce bain est antispasmodique.

Les époques auxquelles les bains tièdes peuvent être pris avec succès, sont pendant les deux premiers mois et le dernier mois de la grossesse. — Dans les premiers mois ils dissipent le spasme et calment l'excitabilité de la matrice; — dans le dernier mois ils préviennent la rigidité de l'utérus et les contractions du vagin, accidents qui causent de vives douleurs et retardent, parfois, l'accouchement.

Injection intestinale. — L'usage des lavements émollients est indispensable au femmes sujètes à la constipation ; ils débarrassent le gros instestin des excréments durcis, dont l'accumulation gène la matrice et la vessie, ils rafraîchissent et procurent le bien être. Les lavements purgatifs sont au contraire nuisibles; le médecin seul, est apte à juger le cas où il convient de les administrer. — Les vomitifs doivent être rigoureusement proscrits. On sait maintenant que l'embarras gastrique des femmes enceintes ne dépend nullement des saburres de l'estomac, mais bien d'une irritation sympathique ayant son point de départ dans la matrice. Donc, point de vomitifs, mais une demi-diète rafraîchissante et des boissons délayantes qui dissiperont en quelques jours, ce prétendu état saburral de l'estomac.

La *saignée*, chez la femme enceinte, est considérée comme dangereuse, par des médecins, et salutaire par d'autres. Dans ce conflit d'opinions, la physiologie, éclairées par l'expérience dit : — abstenez-vous strictement de la saignée, quand la grossesse marche avec régularité et sans accident; maïs, lorsque une femme vigoureuse, d'un tempérament sanguin bien accusé, éprouve des saignements de nez, des insomnies, des éblouissements; lorsqu'elle a le visage pourpre et les yeux injectés, le pouls dur et fréquent; lorsqu'en un mot, elle se trouve dans un état de *pléthore,* la saignée ne peut qu'être utile; mais encore faut-il l'avis du médecin.

SECTION V

DU TERME NATUREL DE LA GROSSESSE

Une femme, bien constituée génitalement, et qui a suivi la conduite hygiénique dont nous avons esquissé les règles, doit arriver, sans accident au terme de la grossesse. Dans l'espèce humaine la durée de la grossesse est de neuf mois, en général; mais, ce terme peut être devancé ou retardé de plusieurs jours.

Le fœtus n'est viable que passé le sixième mois de la grossesse; les accouchements qui ont lieu avant ce terme, sont considérés comme des avortements. — A sept mois l'accouchement est dit *précoce;* — On le qualifie de *tardif,* lorsqu'il a lieu plusieurs semaines après les neuf mois révolus. — On cite bon nombre d'accouchements à *dix* mois; plusieurs à *onze* et quelques-uns à *douze* — *quatorze* — et même *quinze* mois!... Les physiologistes expliquent ces retards par une débilité des organes de la mère, par la pauvreté de son sang, qui ne fournit que des matériaux insuffisants à la croissance du fœtus, et, aussi, par une disposition anormale de son système génital.

Un premier avortement en fait craindre un second; pour éviter cet accident, toujours grave, la femme doit s'entourer de soins; prendre toutes les précautions possibles, et suivre de point en point, le régime et le genre de vie que lui conseillera son médecin.

La question médico-légale des accouchements *tardifs,* ne peut trouver place ici; nous ferons seulement observer aux maris, que dix, quinze et même trente jours de retard, ne doivent jamais éveiller, dans leur esprit, le moindre soupçon d'infidélité. Les lois qui régissent l'organisation animale ne sont point d'une régularité mathémathique; — de plus, il est infiniment rare que l'on puisse fixer, d'une manière exacte, le jour où la fécondation s'est opérée. Il résulte de ces incertitudes, qu'on ne saurait porter un jugement logique sur cette grave question. Donc, il est sage, en pareille circonstance, d'imiter l'exemple donné par plusieurs médecins de réputation, dont les femmes n'ont accouchées que pendant le onzième mois de leur grossesse, et qui n'ont vu, dans ces retards, qu'une irrégularité des lois physiologiques, déterminée par des causes plus ou moins appréciables.

CHAPITRE XIII

DE L'ACCOUCHEMENT

Dans les pays où les femmes ne sont point assujéties aux absurdes bizarreries de la mode, où la poitrine et le ventre ne sont ni emprisonnés, ni ligaturés, dès l'enfance, ces cavités et les viscères qu'elles contiennent s'étant développés en toute liberté, l'accouchement se fait promptement et facilement. Ainsi qu'un fruit mûr se détache de la branche, de même l'enfant est expulsé de l'utérus par les contractions naturelles de cet organe. — Pendant mes voyages en Orient et en Afrique, je n'ai jamais entendu parler d'accouchement laborieux; les femmes accouchent sans le secours de l'art. Les cas, très-rares, d'accouchement difficile, dépendent d'un vice constitutionnel héréditaire ou acquis. — Chez les nations où la civilisation à déformé le corps de la femme, les accouchements sont moins naturels, c'est-à-dire que l'espace de temps qui s'écoule entre la première douleur et la sortie de l'enfant, est beaucoup plus long; les douleurs aussi sont beaucoup plus vives. C'est pourquoi les accoucheurs et les accoucheuses sont devenus indispensables. Dans les pays civilisés l'art de l'accouchement a été porté à sa perfection par de savants médecins et d'habiles chirurgiens. Cet art ne laisse aujourd'hui rien à désirer, sous le rapport de la précision des manœuvres, et de la parfaite fabrication des instruments d'obstétrique, pour les cas difficiles.

§ I

Du travail de l'Accouchement

Cet admirable travail qui prouve combien la nature est prévoyante et sage dans tout ce qu'elle fait, s'opère en quatre temps :

1° Les douleurs.

2° La dilatation du col utérin.

3° L'écoulement d'humeurs glaireuses et sanguinolentes.

4° La rupture de la poche des eaux et la sortie de l'enfant.

A. On a distingué les douleurs *vraies* et *fausses*. — Les *vraies douleurs* dépendent uniquement des contractions de la matrice et constituent le plus important phénomène du travail. Faibles en commençant, passagères, alternant avec des repos, elles augmentent plus tard; les repos sont plus courts, l'agitation de la femme est très-vive; elle gémit, pousse des cris...., le travail s'avance......

Les *fausses douleurs* ne dépendent point des contractions utérines; elles sont continues, tourmentent sans cesse la femme et la plongent dans l'abattement. La source la plus ordinaire de ces douleurs existe dans la plénitude et la tension de la vessie; dans la constipation opiniâtre et les gaz qui gonflent les intestins; les tiraillements des ligaments ronds de la matrice ne sont pas étrangers à ces fausses douleurs.

B. *La dilatation du col utérin* est l'effet immédiat des vraies douleurs et des contractions de la matrice. Les contractions sont toujours en rapport direct avec l'intensité de la douleur. C'est à la dilatation de l'orifice du col de l'utérus et au degré de résistance des parties, qu'on juge si le travail sera de longue ou de courte durée. De ce moment on ne doit plus quitter la femme.

C. *L'humeur glaireuse et sanguinolente* indique le troisième temps de la parturition; elles proviennent des mucosités abondantes qui lubrifient les parois intérieures du vagin et de la rupture de quelques petits vaisseaux du placenta, pendant les contractions utérines.

D. Le dernier temps s'annonce par la rupture de la poche des eaux; c'est le symptôme concomitant de la fin prochaine de l'accouchement. La patiente pousse un dernier cri....... et la famille humaine compte un membre de plus.

Telle est, en abrégé, la marche naturelle du travail de l'accouchement, chez la femme saine et bien conformée. Lorsque ce travail éprouve des retards des instants d'arrêt, ou qu'il survient des accidents, c'est au médecin accoucheur qu'on doit avoir recours pour y remédier.

§ II

Soins à donner à la femme après l'accouchement

Quelque prompt et facile qu'ait été l'accouchement, il en est résulté une fatigue générale, un abattement plus ou moins profond. La femme, épuisée par les douleurs qu'elle vient de supporter, a besoin de repos. Son visage a pali, ses traits expriment la langueur; elle est faible et comme anéantie.... Bientôt une légère moîteur se répand uniformément sur son corps; le pouls se régularise, les frissons cessent; elle éprouve un indicible sentiment de bien être. Un doux sourire vient se promener sur ses lèvres à la vue de son enfant; elle est mère! toutes ses souffrances sont oubliées.

Bien que délivrée de son fruit, la femme n'est pas hors de danger encore : les lochies, le gonflement des seins, la fièvre de lait, la violente distension de son appareil génital, exigent, plus que jamais, les soins éclairés de l'hygiène. Dans la position où elle se trouve, la plus petite cause suffirait pour engendrer une maladie. Nous ne répéterons pas ce que nous avons dit à ce sujet dans l'*Hygiène du mariage* (55me édition). nous y renvoyons le lecteur.

S'il survenait des accidents à la suite des couches, on s'empressera de consulter le médecin, c'est le meilleur parti à prendre.

Nous jetterons, ici, quelques lignes sur la mauvaise habitude qui s'est généralisée dans les villes, de condamner l'accouchée à garder le lit pendant 10, 15 et même 20 jours! — Il n'est point rationnel qu'une femme, exempte d'infirmités, et qui n'offre que les fatigues de l'enfantement, reste plus de trois à cinq jours dans l'énervante position du *décubitus*. Deux auteurs compétents, qui ont écrit de belles et bonnes pages sur ce sujet, Cabanis et Roussel, ont tonné contre cet abus, payé bien chèrement par plus d'une citadine. En effet, le séjour prolongé dans le lit, a le triple inconvénient :

1° De favoriser l'absorption des émanations malsaines du corps que la nature, avait éliminées;

2° D'entretenir le foyer d'irritation utérine, développé par le fatiguant travail du *part*.

3° De donner quelquefois à un accident des plus graves; l'*écorchure*, l'*excoriation* de la peau du *sacrum* ou du *coccyx*, dont les suites ne sont que trop souvent funestes; voici comment : sous la croûte qui recouvre cette écorchure, il se fait un travail inflammatoire qu'active sans cesse la pression occasionnée par le décubitus; bientôt la gangrène se manifeste, et ronge les tissus avec une effrayante rapidité, c'est ce qu'on nomme *escharre gangreneuse.*

J'ai connu une jeune dame, brillante de santé, qui, à la suite de ses couches, fut atteinte d'une escharre au sacrum, pour avoir gardé le lit trop longtemps; malgré sa forte constitution, elle en eut été victime, sans les soins éclairés de plusieurs médecins, appelés en consultation. Néanmoins, il fallut trois mois d'un traitement soutenu, pour la mettre hors de danger, et dans quel état de faiblesse!.... Sa convalescence fut très-longue. Revenue à la santé, elle jura, sur son âme, si elle redevenait enceinte, d'imiter la conduite d'une paysanne, sa fermière, qui ne restait au lit que juste le temps nécessaire pour se remettre des fatigues de l'accouchement.

Il faut le dire, plus la femme se rapproche de l'état naturel, et moins ses couches sont difficiles. C'est la raison pour laquelle les campagnardes et paysannes de tous pays, accouchent facilement et reprennent leurs travaux quelques jours après.

SECTION I

DE L'ALLAITEMENT

L'allaitement maternel est un devoir dont s'affranchissent la plupart des femmes des cités ; elles prétextent leur état, leur intérieur, leur position et relations sociales, etc.; mais ces prétextes s'effacent devant l'amour qu'une mère raisonnable et dévouée porte à son enfant. Il n'y a strictement que les cas de faiblesse extrême de tempérament, les vices et maladies héréditaires qui soient un empêchement sérieux à l'allaitement maternel. Tous les médecins sont unanimes sur ce point, et pourtant bien peu de femmes les écoutent; un nourrisson les gênerait dans leur vie agitée par les dissipations mondaines.

Lorsque les dames, qui n'ont plus rien à désirer sous le rapport du rang et de la fortune, viennent avec aplomb vous dire :

— Les enfants confiés au sein d'une nourrice, à la campagne, respirent un air plus pur que celui des villes, n'est-ce pas une raison plausible pour les y envoyer ?

On leur répond :

— Il est vrai; mais, alors, pourquoi n'y allez-vous pas établir domicile, mesdames?... Vous savez bien vous y rendre lorsqu'il s'agit d'une partie de plaisir.

O femmes! qui oubliez de remplir le premier devoir d'une mère, craignez de payer bien cher, tôt ou tard, cette infraction aux lois de la nature; écoutez ces vérités physiologiques et ne les oubliez pas le cas échéant. Voici les phénomènes qui se passent dans le corps de la nouvelle accouchée :

Le foyer fluxionnaire, fixé dans la matrice pendant la grossesse, s'est déplacé après l'accouchement et a envahi les seins; le lait afflue dans ces derniers organes et les gonfle, les tuméfie. Si ce lait, destiné à la nourriture de l'enfant, est détourné de sa voie naturelle, il doit nécessairement en résulter des phénomènes pathologiques dont les principaux sont : — les indurations des glandes mammaires, les nodosités, les abcès douloureux; et lorsque la femme est prédisposée au *squirrhe*, au *cancer*, ces cruelles et incurables maladies l'atteindront vers l'âge de retour; c'est ce qui arrive assez fréquemment. — Celles qui, par leur tempérament, sont exemptes d'affections squirrheuse et cancéreuse ne sauraient échapper aux névralgies, aux rhumatismes et aux flueurs blanches intarissables, aux hémorrhagies utérines, etc.; parce qu'étant plus irritables que les femmes qui ont allaité, elles offrent plus de prise aux influences morbides. Telle est la triste perspective offerte aux mères qui se sont affranchies du devoir d'allaiter leurs enfants.

Terminons, en rappelant à l'accouchée que

l'allaitement maternel est de rigueur pendant les quatre à six premiers jours, dans le double intérêt de sa santé et de celle de son enfant. — Le premier lait est séreux, jaunâtre; il possède des propriétés purgatives que ne possède pas le lait d'une nourrice accouchée depuis longtemps.— Ce premier lait, nommé *colostrum*, est tout-à-fait propre à débarrasser les intestins du nouveau-né, à expulser au dehors une matière poisseuse qui les engoue, appelée *meconium*. Ainsi donc, tout se réunit pour démontrer que l'allaitement maternel est le meilleur, hormis les cas exceptionnels que nous avons énumérés plus haut.

§ III

De la quantité de lait, en trop ou en moins, chez les nourrices

Trop ou trop peu de lait sont deux vices de sécrétion des glandes mammaires, qu'il faut se hâter de combattre.

Trop de lait est nuisible à la mère et à l'enfant. — A la mère, parce qu'elle est exposée au trouble des autres fonctions qui languissent, tandis que la sécrétion laiteuse augmente; — à l'enfant, parce qu'un lait trop abondant est ordinairement séreux et contient beaucoup moins de principes nutritifs que le lait épais et blanc. —

Trop peu de lait. — Il n'est besoin de dire que le nourrisson dépérirait au sein d'une nourrice qui ne fournirait point la quantité de lait suffisante.

Le traitement rationnel pour diminuer la sécrétion exubérante du lait, est d'abord de retrancher, pendant plusieurs jours, une certaine quantité de nourriture ; de choisir ensuite les aliments parmi ceux qui ne contiennent que peu de principes nutritifs ; tels sont les épinards, la chicorée, les légumes verts, les fruits cuits, les viandes blanches bouillies ; — exclure du régime les aliments gras et féculents. — Pour boisson, de l'eau rougie et des tisanes laxatives. — On conseille aussi des cataplasmes de farine de riz sur les seins.

Lorsqu'il s'agit d'augmenter la sécrétion languissante du lait, c'est le traitement, le régime contraire qu'il faut ordonner ; — les viandes rouges rôties, les consommés de viande, les purées de légumes secs décortiquées au jus de viande : haricots, lentilles, pois secs dépouillés de leurs enveloppes ; — du pain bien levé, — de l'eau avec addition d'un bon vin vieux ; — un exercice physique journalier ; quelques bains tièdes avec frictions pour bien nettoyer la peau ; enfin, des frictions sèches avec une brosse de flanelle, autour des seins, pour activer la circulation.

La nourrice qui veut conserver la quantité et la bonne qualité de son lait, doit fuir l'oisiveté et le repos absolu. Les promenades en plein air, l'exercice modéré des membres et particulièrement des bras, favorisent la sécrétion du lait; mais, autant l'exercice modéré est favorable, autant les fatigues sont contraires. Il en est de même pour les passions tristes : l'irritation, la colère, les chagrins, la frayeur; enfin toutes les influences, tous les mouvements intérieurs violents, sont des plus nuisibles à la nourrice; ils peuvent diminuer, tarir même son lait ou en altérer la qualité. On ne saurait donc trop recommander aux nourrices le calme du moral, et un régime alimentaire en rapport avec leur position actuelle.

CHAPITRE XIV

DES SOINS A DONNER A L'ENFANT NOUVEAU-NÉ

Les deux pôles de la vie se touchent sous le rapport de la faiblesse : l'enfance et la décrépitude. L'enfant entre dans la vie, le vieillard va bientôt la quitter.... L'organisation à peine ébauchée du nouveau-né, réclame des soins éclairés et assidus ; le développement normal de son corps et le maintien de sa santé, sont subordonnés à ces soins.

§ I

Nettoyage et lavage du corps du nouveau-né

Les premiers soins à donner à l'enfant qui sort du sein de sa mère, est le nettoyage du corps. On le nettoie de l'enduit gluant dont il est recouvert, avec un corps gras, tel que beurre frais, huile d'amandes douces, cérat et mieux *cérat-crême;* puis, après l'avoir mollement essuyé, on le lave avec une eau plus que tiède (20 à 25 degrés), et légèrement aromatisée. Plusieurs médecins accoucheurs prétendent que le lavage fait avec moitié eau et moitié vin produit d'excellents effets. — D'autres préfèrent une décoction de plantes aromatiques, soit : thym, lavande, romarin, origan, mélisse, etc.... Une fois l'enfant nettoyé, lavé et essuyé, on le place dans des langes préparées à l'avance.

Le lavage du nouveau-né se trouve chez tout les peuples anciens et modernes; — les uns le pratiquaient à l'eau tiède, — les autres à l'eau froide dans le but de fortifier le tempérament du petit être. — Cette coutume était générale à Sparte où, sur dix enfants plongés dans l'Eurotas, il en mourrait six!...... Et dire qu'il s'est trouvé des philosophes, des savants, pour préconiser cette coutume barbare....

Nous pensons, que l'ignorance seule a pu autoriser ce criminel usage, s'il en était autrement, nous dirions à ces apologistes que la nature est plus savante que les savants; car toutes les connaissances qui forment les savants sont puisées dans la nature. Or, la nature applique la chaleur au développement de toutes les existences, dans le règne végétal comme dans le règne animal. La chaleur est également nécessaire à la gérmination et à l'incubation : les moyens calorifiques déployés par tous les animaux pour assurer la vie de leurs petits, affirme l'intention formelle de la nature à cet égard. N'est-il donc pas absurde à l'homme de contrevenir à ses lois, en exposant à l'action subite du froid, l'être le plus frêle, le plus délicat de tous les animaux : le *nouveau-né.*

§ II

Nourriture du nouveau-né

La première et la meilleure nourriture de l'enfant nouveau-né, est incontestablement le lait de sa mère. Ce n'est que dans notre espèce qu'on rencontre des mères qui s'affranchissent du devoir sacré de l'allaitement, mais, elles en sont punies tôt ou tard.

Le lait de la femme qui vient d'accoucher, est séreux, légèrement purgatif, qualités nécessaires pour débarrasser les voies digestives, du nouveau-né, de l'enduit poisseux *(le mœconium)* qui les obstrue. C'est dans le but de les purger qu'on administre à ces petites créatures, que leur mère ne peut nourrir, du sirop de chicorée et de rhubarbe.

Au bout de quelques jours, le lait de la mère s'épaissit, et les intestins de l'enfant, devenus libres, annoncent qu'il peut têter en toute sécurité. — Le lait d'une nourrice étrangère, dont les couches datent de plusieurs mois, est déjà trop lourd pour le nouveau-né; il ne possède plus les qualités laxatives. Donc, l'allaitement maternel, on ne saurait trop le répéter, est non-seulement un devoir, mais encore un bienfait pour la santé de la mère et du nourrisson. Il n'y a que les cas exceptionnels où la mère est atteinte d'une maladie contagieuse ou héréditaire que l'allaitement par une femme étrangère est ordonné.

Pendant les premiers jours, l'enfant tête peu mais souvent; le lait de la mère devenant bientôt plus riche en principes nutritifs, il demande moins souvent le mamelon et y reste plus longtemps attaché. C'est sagesse alors que de régler les heures auxquelles on doit lui donner le sein, car il est certain que, si la mère se soumet à toutes les exigences de son nourrisson, elle se prépare mille contrariétés pour l'avenir; cette mauvaise habitude est le germe de l'empire despotique dont elle aura un jour à souffrir.

La mère ne doit pas oublier que, dans son sein, l'enfant a été au milieu d'un bain tiède; la prudence exige qu'elle l'abrite contre l'air froid et qu'elle se serve d'eau tiède pour le nettoyer, jusqu'au jour où son faible corps se sera équilibré avec la température atmosphérique.

Beaucoup de nourrices, pour arrêter les cris de l'enfant, le bercent plus ou moins longtemps. Le *bercement*, ce vieux reste des préjugés des siècles d'ignorance, est un moyen dangereux qui peut occasionner l'ébranlement du cerveau de ces frèles créatures et déterminer le vertige. On ne doit point s'alarmer des cris de l'enfant, parce qu'ils ont leur utilité : ils provoquent l'entrée de l'air dans les poumons, dégagent les narines et accélèrent la circulation.

Pendant les quatre ou cinq premiers mois qui suivent la naissance, le lait de la nourrice doit être la seule nourriture de l'enfant et sa seule boisson. Si le lait de la nourrice devenait insuffisant, on lui donnerait, par petites doses, du lait de vache, coupé d'eau d'orge et sucré.

Il faut bien se garder de donner, aux enfants de cet âge, à boire du thé, du café, du vin ! ou toute autre boisson excitante. Il n'y a que les ignorants, les stupides qui peuvent croire que ces boissons leur donneront des forces. Cette croyance insensée existe cependant encore dans les classes ouvrières et dans les campagnes. Les médecins ont constaté que c'était une des causes qui multipliaient la mortalité parmi les enfants du peuple.

Est-il bien nécessaire d'ajouter au lait de la nourrice des substances féculentes pour le rendre plus nutritif? — Lorsque l'abondance et la qualité du lait ne laisse rien à désirer, nous croyons que cette addition est au moins inutile, lorsque, toutefois, elle n'est pas nuisible. Ce n'est raisonnablement que vers les approches du *sevrage*, qu'on doit ajouter quelques substances féculentes, longtemps bouillies dans du lait ou du bouillon dégraissé. — Les biscottes de Bruxelles, la mie de pain desséchée sont préférables aux bouillies, même avec la farine de froment ; parce que les farines qui n'ont pas subi une torréfaction préalable à la cuisson, empâtent les intestins de l'enfant, leur causent le ballonnements du ventre et quelquefois des indigestions mortelles. — Les panades demi-liquides au lait ou au bouillon dégraissé, avec la croûte de pain desséché, composent la nourriture la plus hygiénique, la plus rationnelle pour servir de transition entre l'allaitement naturel et le sevrage. Cette transition, notez-le bien, doit s'effectuer peu à peu et jamais brusquement.

§ II

DU SEVRAGE

SUBSTANCES ALIMENTAIRES LES PLUS FAVORABLES A L'ENFANT

Chez les animaux mammifères, les petits ne quittent la mamelle qu'au jour où leurs dents, sorties de leurs alvéoles, leur permettent de triturer les nouveaux aliments qui doivent désormais les nourrir. — Dans l'espèce humaine, on n'attend point, pour sevrer l'enfant, l'époque fixée par la nature, c'est-à-dire la première dentition ; on sèvre généralement à un an, c'est trop tôt ; il serait préférable de laisser l'enfant têter jusqu'à quinze mois et même jusqu'à la sortie des quatre premières dents molaires, ce qui vaudrait infiniment mieux pour la santé de la mère et de l'enfant.

D'après les médecins qui s'occupent spécialement de la première enfance; une alimentation trop abondante, ou qui n'est pas en rapport avec la délicatesse des organes digestifs, comme viandes grasses, lard, jambon, vin, liqueur, café, quoiqu'en petite quantité, est toujours nuisible à l'enfant et le prédispose aux maladies de ces organes. Il est bien avéré aujourd'hui, que, selon la manière de nourrir les enfants; selon la qualité, la quantité des aliments, et la distribution des repas, on rend les enfants sobres ou gourmands, gloutons et voraces! bons, tranquilles ou exigeants; pleureurs et quelquefois méchants.

L'Académie de médecine a préconisé une panade dite *crème de pain*, très-nutritive et convenant mieux que tout autre aliment, aux voies digestives de l'enfant, à qui le lait de la nourrice est insuffisant. Voici sa composition et sa préparation :

Emiettez de la mie de pain blanc rassis, dans une casserole en faïence; versez par-dessus, suffisante quantité d'eau chaude ou de lait; remuez pour faire une bouillie; ajoutez du sucre et passez à travers une étamine, de façon à avoir une bouillie demi-liquide, sans grumeaux. Au moment de la donner à l'enfant, faites tiédir.

Après le sevrage, on doit augmenter peu à peu

la quantité de nourriture de l'enfant en raison de sa croissance. On lui donne généralement du bouillon de viande coupé, et, plus tard du bouillon pur dégraissé.

SECTION I

DE LA DENTITION

Dans le but d'éclairer les mères, nous plaçons, ici, quelques paragraphes sur la première et seconde dentition, avec les moyens les plus simples pour en favoriser la marche.

§ III

Première Dentition

C'est le plus ordinairement vers l'âge de sept à huit mois, que percent les deux premières dents incisives de la machoire inférieure, — quinze jours ou trois semaines après sortent les deux incisives de la machoire supérieure; — puis, les deux incisives latérales inférieures; ensuite les deux incisives latérales supérieures; — les deux premières molaires leur succèdent et enfin, les deux canines supérieures et les deux inférieures.

— Les deuxièmes molaires ne paraissent ordinairement que vers la fin de la deuxième année, ou au commencement de la troisième. Il arrive quelquefois que les dents canines soient en retard et ne percent la gencive que dans le courant du dix-huitième mois; ce sont celles qui occasionnent le plus de douleur et particulièrement les canines supérieures nommées aussi *œillères*. Au reste, rien de moins régulier que ce travail; il peut se faire que les vingts dents de lait, les huit incisives, les quatre canines et les huit molaires soient sorties à quinze mois, ou qu'elles ne le soient pas encore à deux ans et demi.

Quoique le travail de la dentition soit une opération de la nature, il arrive assez souvent des complications alarmantes, telles que fièvre, gonflement douloureux des gencives et des glandes, diarrhée, ou constipation, vomissement, réveils en sursaut, convulsions générales ou partielles, éruptions cutanées, etc.

Dans ces circonstances, la mère doit bien se garder d'employer ces remèdes de bonne femme accrédités parmi le vulgaire ignorant; elle fera preuve de prudence et de bon sens en consultant un médecin dont la spécialité est de traiter les maladies de l'enfance.

Règle générale. Lorsque le peu de gravité des symptômes n'exige pas la présence du médecin, voici les moyens à employer :

D'abord, diminuer la nourriture du petit malade qui, le plus souvent refuse instinctivement le sein ou les bouillies qu'on lui donne. — Ensuite, proscrire toute espèce de boissons ou de substances excitantes. On calme la colique et la diarrhée par des quarts de lavements émollients-amylacés, par des fomentations émolientes chaudes sur le ventre, par des bains de siége tièdes, de huit à dix minutes. — Dans le cas de resserrement ou de constipation, quelques quarts de lavements fait avec une cuillerée d'huile d'amandes douces, ajoutée à la décoction de racine de guimauve, suffisent. Si la constipation résistait à ce moyen, on donnerait une infusion légère de manne en larmes, ou du sirop de chicorée et de rhubarbe. — On combat les convulsions par des bains entiers tièdes de 8 à 10 minutes; par des infusions légères de tilleul dans lesquelles on peut ajouter quelques gouttes de sirop de codéïne.

La mère intelligente, instruite à l'école de l'expérience, qui observe avec une minutieuse attention les divers signes qu'offre l'état de son nourrisson, connait souvent mieux que tout autre, les soins à donner, les applications calmantes à faire; guidée par l'instinct maternel et aidée par la nature, elle voit ses efforts couronnés de succès. Dans les cas graves, elle doit se hâter de consulter le médecin.

Les complications dont nous venons de parler,

prennent, très-probablement, leur source dans la compression douloureuse du nerf dentaire, qui va porter sympathiquement, l'irritation sur les divers organes du corps; ces complications cessent aussitôt que la dent a pu percer la gencive. C'est dans ce but qu'on met à la main de l'enfant un bâton de réglisse, une racine de guimauve taillée et enduite de sirop de miel, ou tout autre corps dur; l'enfant les porte instinctivement à sa bouche, cherche à les mâcher et finit par meurtrir, par déchirer la gencive; la dent sort et les douleurs se calment peu à peu.

Dans le cas, très-rare, où la dent n'a pu percer la gencive, lorsque l'enfant est en proie aux convulsions et à la fièvre; il est nécessaire d'inciser la gencive pour donner issue à la dent. A la suite de cette petite opération, le calme se rétablit, dans le système nerveux de l'enfant.

§ IV

Les premiers pas de l'Enfant

La *station* et la *progression* sont impossibles pendant les premiers mois de la vie; les leviers et les puissances au moyen desquels s'exécutent ces mouvements, n'ont ni assez de force ni assez de consistance pour soutenir le corps.

L'enfant se traîne d'abord sur les mains et les genoux; puis, il essaie de se mettre sur ses pieds, de marcher; mais il chancelle et tombe, il recommence souvent le même exercice; il se soutient en s'accrochant aux meubles, et finit, enfin, par marcher sans le secours de ses mains.

On comprend facilement que, dans la première enfance, les os des jambes n'ayant que peu de consistance, le poids du corps peut changer leur direction normale et les déformer. C'est pourquoi il est plus avantageux de laisser l'enfant s'agiter, se rouler sur un tapis que de l'exciter à marcher à l'aide de lisières ou d'autres moyens. Lorsqu'il se sentira la force de se tenir sur les jambes, soyez persuadé qu'il n'attendra point votre bon vouloir pour se lever et marcher.

Pendant les premières années de la vie, il est sage de laisser à l'enfant son entière liberté de mouvements; tous les moyens mécaniques inventés pour hâter sa progression ne sont point naturels. Laissons donc à la nature le soin de diriger ses premiers pas.

---

§ V

Seconde Dentition

C'est généralement vers l'âge de sept ans que se produit la seconde dentition. Les premières dents ou *dents de lait*, faiblement implantées dans la machoire sont expulsées de leurs alvéoles, par les secondes dents qui ne doivent plus tomber naturellement. — De douze à quatorze ans, quatre autres dents paraissent, et de dix-huit à trente ans, les quatre dernières dents, nommées *dents de sagesse* complètent la denture, en tout 32 dents.

Les dents sont des instruments de première nécessité pour broyer les substances alimentaires solides; c'est donc un puissant motif pour assurer leur conservation, par des soins de propreté incessants. (Voyez à ce sujet notre *Hygiène du visage*, où le lecteur trouvera tout ce qui concerne *l'hygiène* et la *médecine dentaire*.

SECTION II

ALIMENTATION DE LA SECONDE ENFANCE ET DE L'ADOLESCENCE

Pendant la période comprise entre la quatrième année jusqu'à la quinzième, la nourriture occupe la première place dans la vie. Le corps croît, les organes se développent, les mouvements de composition et de décomposition sont rapides et les besoins de réparations très-pressants; c'est pourquoi la faim se fait sentir aux enfants, peu de temps après qu'il ont mangés. Les parents doivent surveiller et régler la nourriture de leurs enfants; car, beaucoup sont gourmands, gloutons et même voraces; les indigestions sont fréquentes parmi ces derniers; une surveillance active est nécessaire.

Les bons fruits mûrs sont excellents, n'importe l'âge, mais, les fruits verts pour lesquels les enfants et surtout les jeunes demoiselles, ont une prédilection, leur sont nuisibles, par la raison qu'ils irritent les voies digestives, donnent naissance à un mauvais chyle, causent des coliques, des diarrhées, et concourent à la formation des vers intestinaux.

A mesure que les enfants grandissent et que leurs membres se développent, une nourriture plus substantielle leur devient nécessaire. — On leur donnera des aliments riches en principes nutritifs et de facile digestion; plus ils seront simplement préparés et mieux ils profiteront. Les épices et autres condiments excitants ne conviennent point à cet âge où l'estomac possède toute son énergie digestive.

Le régime alimentaire exige qu'on tienne compte des tempéraments et même des nuances de tempéraments. Les constitutions lymphatique demandent des substances plus nutritives, des boissons légèrement stimulantes; — Les tempéraments sanguins ont le privilége de bien se trouver de toute espèce d'aliments, mais, leurs boissons doivent être tempérantes; — les tempéraments bilieux et nerveux mangent vite, consomment beaucoup; la nourriture qui leur convient le mieux est un mélange de viandes et de légumes, on doit même dans certaines circonstances, faire dominer ces derniers; les boissons aqueuses, délayantes, l'eau teintée de vin, le lait, conviennent à ces tempéraments.

§ VI

Propreté du corps et des vêtements

La propreté de toutes les parties du corps est d'une nécessité absolue pour la santé, pour la belle venue de l'enfant et de l'adolescent; la coupable négligence des parents, sur ce point, prédispose leurs enfants à des irritations, à des éruptions cutanées, à des affections *pédiculaires* hideuses qui les font repousser de leurs petits camarades. On doit laver chaque jour et plusieurs fois, si le cas l'exige, les parties du corps les plus sujètes aux sécrétions, à l'eau tiède en hiver, à la température naturelle en été. — La propreté du linge et du vêtement doit coïncider avec celle du corps; — L'irréprochable propreté de l'habitation et du lit qu'on aura soin de soumettre à la ventilation, pendant le jour, et de ne faire que le soir; — enfin, la pureté de l'air des lieux qu'on habite, composent un ensemble de moyens hygiéniques, favorables à la santé de l'enfant, de l'adolescent, et l'on peut ajouter, des grandes personnes.

SECTION III

HYGIÈNE DU CERVEAU

SOUS LE RAPPORT DU TRAVAIL DE L'INTELLIGENCE

Il est dangereux d'exiger de l'enfant un travail intellectuel prématuré. L'organe de la pensée, le cerveau, n'a pas encore atteint son entier développement; il faut donc laisser à la nature le temps d'achever son œuvre; c'est l'opinion de tous les philosophes et de tous les médecins, tant anciens que modernes.

Plus l'enfant est délicat, plus son intelligence et ses facultés affectives sont précoces; il en est généralement ainsi. Dans cet état de choses, loin de le forcer à rester sur les bancs d'une école où il s'impatiente, il faut, au contraire, le laisser jouer au grand air; l'exciter même à courir, à sauter, à multiplier ses mouvements. Cette gymnastique enfantine, non-seulement développe les système osseux et musculaires, assouplit les articulations, fortifie sa santé; mais elle agit encore sur la poitrine, en stimulant les poumons par les inspirations et expirations plus fréquentes. Les parents devraient bien se graver dans l'esprit, que la première condition à remplir, est la conservation de la santé et le développement de la vigueur du corps; l'instruction viendra plus tard.

On observe tous les jours, dans les colléges, deux sortes d'enfants, les uns dociles, doux, paisibles, les autres pétulants, indisciplinés, retenant peu ou point leurs leçons et ne pensant qu'à jouer. — Les premiers sont, le plus souvent, pâles, chétifs, répétant très-bien leurs leçons, on pourrait ajouter comme un perroquet, attendu que le jugement n'est pas encore formé. — Les seconds sont bien portants, souples, alertes, mais fort mauvais écoliers.

Plus tard, les enfants à intelligence précoce, au contraire, s'étiolent physiquement; la mémoire a pris un énorme développement et le jugement tardif a de la peine à s'établir. — Les enfants de l'école buissonnière, arrivés à l'âge de puberté, se mettent d'eux-mêmes à l'étude, jugent, comparent, raisonnent, au lieu d'apprendre comme des machines et, bientôt, dépassent les premiers. Nous parlons en général, et ce que nous avançons s'observe tous les jours. — Les maîtres et professeurs devraient bien baser leur enseignement sur cet axiôme : « L'esprit ne doit jamais être cultivé aux dépends du corps. »

Nous nous sommes étendus sur ce côté de l'éducation, par l'évidente raison que les exercices, bien dirigés du gymnase, pendant l'enfance et la jeunesse, étendent leur heureuse influence sur l'organisation entière, et l'homme en ressent les bienfaits pendant toute la durée de son existence.

§ VII

Nous terminons par le résumé d'une lettre de M. Esquiros, écrite pendant son séjour en Angleterre, et qui est une preuve convaincante de la supériorité, en fait d'éducation, de la méthode anglaise sur la nôtre.

« Les Anglais, nos maîtres dans l'art d'élever la jeunesse et de la diriger, pensent avec raison, que la première chose à obtenir, c'est la santé et le développement régulier du physique. L'enfant a besoin d'air, de mouvement; pourquoi enfermer, ainsi qu'on le fait en France, des troupes d'enfants dont quelques-uns ont, à peine, trois ans!... pour leur apprendre, quoi?... — à répéter machinalement un A. B. C... Ces pauvres enfants s'impatientent de rester assis, immobiles... leurs nerfs s'agacent; ils voudraient sauter, courir, se rouler sur le gazon; et vous leur imposez, le repos, le silence par la crainte... La belle éducation!...

Pendant l'adolescence, l'enfant est retenu prisonnier dans des pensions ou colléges, lui qui soupire après la liberté... On excite son émulation pour l'étude; on développe à outrance la mémoire, et le jugement reste inculte. — Il est le premier de sa classe; les parents s'en réjouissent; mais, il est faible de corps et souvent maladif... Le bel avantage d'avoir un enfant prodige, chez lequel on épuise la source du vrai talent, par de mesquins succès? Combien de jeunes gens qui donnaient de si belles espérances au collége, disparaissent, à peine entrés dans le monde, et ne font plus parler d'eux. C'est, qu'en général, ces petits phénomènes ne brillaient que par la mémoire; l'activité exagérée de cette faculté a réduit au silence les autres facultés cérébrales. Le jugement et le raisonnement sont restés fruits secs; bien par la faute de nos institutions.

Les heures d'études en Angleterre et en Ecosse sont beaucoup moins longues qu'en France, et les enfants n'en apprennent que mieux. Est-il donc si nécessaire de contraindre cette jeunesse turbulente à rester de 7 à 8 heures par jour, à s'ennuyer, sur un banc, devant des livres que la plupart maudissent; et qui n'attendent que l'heure de la récréation pour prendre leur volée. — Si nous croyons nécessaire ce système d'éducation, nos voisins d'outre-mer, eux ne le pensent pas, et je suis de leur avis. Du reste, les remarquables résultats qu'il obtiennent, sont une preuve que nous avons tort et qu'ils ont raison.

L'esprit s'aiguise et se retrempe dans la variété, des exercices, disent les professeurs anglais; on cite à l'appui de cette opinion, les directeurs de plusieurs grandes écoles qui ont encore diminué le nombre des heures d'étude et les ont remplacées par des jeux et des exercices physiques. Ces directeurs-instituteurs ont constaté que les facultés de l'attention et du jugement avaient doublées, chez la plupart des élèves. Ces directeurs, hommes pratiques, nous font observer, avec raison, que les progrès d'un écolier ne doit point se mesurer à la longueur des leçons; mais, bien à la facilité avec laquelle il les saisit et les retient. »

A l'éducation du cerveau, il est rationnel, il est nécessaire de joindre l'éducation du corps; car, si tout le travail de l'éducation se porte sur le premier et qu'on oublie d'exercer le second, l'équilibre est rompu, et il y a danger pour la santé; c'est ce que nous démontrerons au chapitre gymnastique.

CHAPITRE XV

STÉRILITÉ — IMPUISSANCE

Pris dans leur sens le plus général, ces deux mots indiquent l'inaptitude à la procréation.

La stérilité ou *agénésie* est plus particulière à la femme et l'impuissance à l'homme; on pourrait même dire qu'elle est une des infirmités de ce dernier, car, hormis les cas infiniment rares, d'occlusion ou d'absence du vagin, la femme peut toujours recevoir le membre viril.

SECTION I

STÉRILITÉ CHEZ L'HOMME.

Les causes de la stérilité absolue, chez l'homme, se rapportent à l'absence congéniale des testicules, à l'ablation de ces organes, ou castration; à l'altération profonde et incurables des deux testicules, au point de pervertir ou de supprimer complétement la sécrétion du sperme.

§ I

Impuissance

Ce mot ne devrait s'appliquer qu'à l'impossibilité où se trouve l'homme de pratiquer le coït, soit par absence de pénis, soit parce que cet organe dépourvu de la faculté érectile, reste flasque, inerte à tous les excitants physiques et moraux. Dans cet état d'inertie, le pénis ne peut remplir sa fonction et l'homme est frappé d'impuissance. Mais, l'impuissance n'entraîne pas nécessairement la stérilité; tant que les testicules élaborent le fluide spermatique, l'homme peut engendrer. Quelques médecins, pour s'en assurer ont injecté, au moyen d'une seringue, le sperme d'hommes impuissants mariès, dans le vagin de leurs femmes; celles-ci ont été fécondées et ont accouché à terme, d'enfants bien constitués?

L'impuissance, par défaut d'érection, reconnait différentes causes : — une lésion du cervelet ou des nerfs qui président à l'incitation vénérienne; les excès du coït, comme aussi la continence prolongée, — la crainte, les chagrins, la surprise, un amour trop violent, un respect extrême; le défaut de confiance dans sa force, a souvent humilié un vainqueur au moment du triomphe. — Les travaux opiniâtres de l'esprit, diminuent considérablement la faculté érectile du pénis et préparent son inertie. — Les jouissances vénériennes prématurées; la masturbation, l'excitation continuelle de l'imagination par des idées ou des représentations érotiques, déterminent aussi l'atonie des muscles érecteurs du pénis et de son tissu érectile. C'est pourquoi nous ne saurions trop répéter aux jeunes gens qui sont jaloux de conserver longtemps leurs facultés viriles, d'être sobres de ces jouissances; il est sage et logique de laisser aux organes copulateurs fatigués, le temps nécessaire pour réparer les pertes qu'ils ont faites. L'impuissance, *avant l'âge*, ne reconnaît pas de cause plus active que les abus vénériens.

SECTION II

MÉCANISME DE L'ÉRECTION

L'orgasme et la roideur qui se manifestent dans le tissu érectile de quelques organes, sous certaines influences, se traduisent par le mot érection. Le membre viril chez l'homme et le clitoris chez la femme, offrent ce phénomène au plus haut dégré.

L'érection dépend : 1° — D'une excitation qui fait affluer une plus grande quantité de sang dans les corps caverneux du pénis et du clitoris.

2° De ce que le sang ne pouvant sortir des corps caverneux aussi promptement qu'il y est entré, y séjourne plus longtemps.

3° De la contraction de plusieurs muscles.

4° De la plénitude des vésicules séminales (dans l'érection involontaire.)

5° De ce que le plexus veineux qui forme les corps caverneux, reçoit des nerfs plus volumineux et en plus grand nombre que les autres plexus veineux du corps.

Cette dernière circonstance explique pourquoi l'érection peut être facilement provoquée par des excitations locales, telles que l'attouchement, la flagellation, l'urtication, les immersions dans l'eau chaude, etc., etc.

D'après les recherches du docteur Aug. Mercier (1), l'érection dépendrait de la contraction de plusieurs muscles et spécialement du muscle releveur de l'anus. Cette contraction, tantôt soumise à l'empire de la volonté et tantôt involontaire arrête, pendant un temps plus ou moins long, le sang dans les corps-caverneux de la verge. Lorsque l'imagination, le désir et l'attouchement sont impuissants à produire l'érection,

---

(1) Le docteur Mercier, opérateur habile, a écrit divers ouvrages sur les affections des *Voies urinaires* et sur leur traitement rationnel. Ces ouvrages ont mérité les éloges de l'Académie de médecine et remporté plusieurs prix ; leur rédaction claire et facile les met à la portée de toutes les intelligences.

c'est que le releveur de l'anus reste muets à ces excitants.

L'imagination exerce une puissante influence sur les organes génitaux de l'homme; elle provoque l'érection ou y met obstacle. La vue, le souvenir même des charmes d'une femme stimule, excite le cerveau et l'impression agit directement sur le membre viril qui, aussitôt, se gonfle et durcit. Mais, il arrive quelquefois, que la crainte, la honte de ne pouvoir accomplir bravement l'acte génital, s'oppose à l'érection et réduit, momentanément, à l'impuissance un sujet vigoureux. C'est sur cette crainte que spéculaient autrefois, les *Noueurs d'aiguillettes* (Voyez leur amusante histoire dans notre *Hygiène du mariage*).

C'est, en particulier sur les hommes d'un certain âge, sur ceux dont la force génitale décline, baisse tous les jours, que la crainte de rester impuissants, agit soudainement à les désespérer... Ils pouvaient tout à l'heure, et maintenant... impossibilité absolue... L'homme qui s'est trouvé dans cette piteuse situation, au moment de sacrifier sur l'autel de Vénus, ne retrouvera plus sa vigueur, avec la même femme; il aura beau s'exciter; vains efforts... la crainte le poursuit; son membre est frappé d'inertie. Avec une autre femme peut-être serait-il plus heureux... Mais, ces plaisirs n'étant plus de son âge; mieux pour lui, vaudrait y renoncer.

§ II

De l'émission spermatique; phénomènes qui l'accompagnent

De toutes les sensations éprouvées par nos organes, l'émission spermatique ou éjaculation, est celle qui ébranle plus profondément le système nerveux et qui, relativement à sa courte durée, occasionne une énorme perte de fluide vital. — Les prodrômes de l'éjaculation s'annoncent par une accélération des mouvements du cœur et de la circulation : le sang se porte à la tête; le corps se recouvre de moiteur; la respiration se précipite; l'œil humide brille et conserve la fixité de l'attente; tous les tissus érectiles entrent en turgescence; les papilles de la peau ont acquis une sensibilité excessive; la tension organique est générale!... A ce moment suprême, le plus léger contact, la moindre contraction du vagin produit l'effet de l'étincelle électrique... l'éjaculation part!... Une secousse profonde, un violent spasme convulsionne l'être entier;... les autres sens se taisent et toutes les énergies organiques sont absorbées par cet acte qui caractérise le plus haut degré de l'exaltation génitale.

L'éjaculation spermatique est accompagnée le plus

ordinairement de soupirs entrecoupés; quelquefois de cris étouffés, semblables à des gémissements. Il est des sujets nerveux chez lesquels cette émission s'opère au milieu de convulsions épileptiformes, suivies d'anéantissement..... A ce violent orgasme, qui a produit l'ébranlement générale de l'édifice humain, succède un affaissement de forces, un état de langueur plus ou moins prolongé.....

D'après cette description imparfaite, on peut juger de la déperdition nerveuse pendant l'éjaculation. — Les trop fréquentes émissions spermatiques affaiblissent, dégradent le physique et le moral; elles conduisent l'érotomane à une mort prématurée. — Les émissions spermatiques, selon les besoins naturels, procurent un bien être général, a dit le professeur Rostan, car la nature n'a point fait d'organes pour les condamner à un repos absolu, ce qui est, du reste, impossible. La vraie sagesse consiste à ne pas violer les lois que la nature nous impose par des excès coupables ou par une continence absurde.

§ III

Moyens à opposer à l'impuissance

Existe-t-il des moyens réellement efficace pour rendre au membre viril impuissant, sa vigueur primitive? — Voici, en quelques lignes la thérapeutique rationnelle de cette infirmité :

Lorsque l'impuissance dépend d'une affection nerveuse ou autre; c'est d'abord la maladie qu'il faut combattre; le traitement local vient ensuite. — Si elle prend sa source dans une affection morale, c'est évidemment cette affection qu'il faut chasser et guérir; — le repos de l'esprit, le calme de l'imagination, les distractions, sont les uniques remèdes de l'asthénie génitale, quand elle est entretenue par de trop longs travaux intellectuels. — Lorsque l'impuissance à sa cause dans l'épuisement par les excès vénériens et la masturbation, la première indication est le repos complet de l'organe génital, une alimentation tonique et réparatrice; l'usage très-modérés de vins généreux, pris à petites doses, et les préparations ferrugineuses. — Les exercices physiques, répartis sur la totalité des muscles; les bains froids et les frictions générales, rappellent la vigueur perdue, en restaurant la constitution.

Il a été constaté que certains aliments étendaient leur action jusque sur le système génital : — les œufs, le caviar, les gelées de viande aromatisées; le gibier, les ragoûts épicés, le poisson; — divers aromates tels que le safran, la vanille, la cannelle, le cumin, les boissons ambrées; — et parmi les substances thérapeutiques : l'aloës, le galbanum, le musc, l'opium et diverses résines et huiles essentielles stimulent les organes génitaux, exaltent leur sensibilité, mais, ils peuvent aussi déterminer des congestions organiques dangereuses. Nous omettons à dessein le phosphore et les cantharides, parce qu'ils sont toujours funestes à l'imprudent qui en fait usage à l'intérieur.

Comme auxiliaire du régime alimentaire, on ordonne les bains froids, de rivière ou de mer, en été; — les promenades, l'équitation, les exercices du gymnase, selon les forces de l'impuissant; les lotions. les bains locaux excitants, irritants, tels que l'immersion de l'organe dans une décoction de graines de moutarde, dont l'activité sera mesurée sur l'impressionnabilité du sujet. — Des rubéfiants sur la peau, des lombes, sur la partie interne et supérieure des cuisses, tels que liniments ammoniacaux, cantharidés, phosphorés; enfin, la flagellation et l'urtication.

L'impuissance par abus des alcooliques est des plus difficiles à guérir, parce qu'elle est ordinairement liée à une gastro-duodénite chronique. — Lorsqu'elle est causée par une sub-irritation du cerveau ou de l'estomac, ce sont ces viscères qu'il faut traiter. — L'impuissance qu'amène avec elle. la vieillesse n'a point de remède. C'est une loi de la nature; il faut se résigner à la subir.

Nous avons omis de parler des *aphrodisiaques* substances ayant la vertu, dit-on, de réveiller l'organe de son sommeil, par la raison que les propriétés des uns sont illusoires, et que l'usage des autres est dangereux, souvent mortels. Voyez dans notre *hygiène du Mariage*, la liste et l'analyse des spermatopés, des érotophores, hippomanes, électuaires, poudres, pastilles aphrodisiaques, philtres, potions et autres breuvages incendiaires, avec des considérations médico-historiques sur leur emploi chez les différents peuples anciens et modernes.

SECTION II

STÉRILITÉ CHEZ LA FEMME

Le système génital de la femme étant beaucoup plus compliqué que celui de l'homme, doit naturellement être sujet à des infirmités plus nombreuses; les vices de conformations sont aussi plus fréquents. — Parmi les causes de stérilité, les plus communes sont :

L'imperforation et l'excessive étroitesse du vagin — les polypes et les tumeurs oblitérantes du col de la matrice; les affections chroniques, le prolapsus de ce viscère; — l'occlusion ou l'oblitération des oviductes qui conduisent l'œuf dans la matrice, — les maladies des ovaires, leur atrophie; — les hémorrhagies utérines, les aménorrhées et dysménorrhées, — les flueurs blanches excessives, — la masturbation fréquente, — la nymphomanie, etc.. Toutes ces maladies exigent un traitement médical ou chirurgical plus ou moins énergique.

Il est une cause de stérilité, tout-à-fait locale, qu'ignorent la plupart des femmes, et qu'on peut détruire facilement. Cette cause existe dans les mucosités du vagin qui sont très-acides chez les unes et très-alcalines chez les autres. — L'acidité et l'alcalinité sont un poison pour les animalcules spermatiques, et les tuent promptement. J'ai visité plusieurs femmes dont toutes les pièces génitales étaient en bon état; celles de leurs maris l'étaient également et néanmoins, elles ne pouvaient être fécondées, malgré leur vif désir de devenir mères. Je leur indiquai un moyen des plus simples qui réussit complétement. — La veille de l'apparition de leurs règles, quelques instants avant le coït, elles firent plusieurs injections d'eau tiède dans le vagin, de façon à entrainer les mucosités acides ou alcalines qui s'y trouvaient en abondance, et se livrèrent immédiatement à leurs maris. Les animalcules spermatique, déposés dans le canal vulvo-utérin s'introduisirent dans la matrice et de là, dans les oviductes, avant qu'une sécrétion nouvelle acide ou alcaline n'eut pu se faire. Ce jour-là même, ces femmes furent fécondées.

CHAPITRE XVI

DES JOURS FASTES ET NÉFASTES

C'EST-A-DIRE FAVORABLES OU NON FAVORABLES A LA FÉCONDATION

La fécondation n'est possible que dans l'oviducte; les cas infiniment rares et l'on pourrait dire douteux, où elle aurait eu lieu dans la matrice, sont une déviation à la règle générale.

—

Le flux menstruel coïncide avec l'ovulation; il annonce qu'un ou plusieurs ovules, arrivés à maturité, vont s'échapper de l'ovaire pour entrer dans l'oviducte.

—

Presque tous les physiologistes modernes reconnaissent que la fécondation ne peut s'opérer que dans les oviductes; c'est l'opinion des savants professeurs Pouchet, Muller, Coste et Serres, dont les études expérimentales font foi, en cette matière. Ce fait étant admis, il ne s'agit plus que de déterminer le temps que met l'ovule à parcourir l'oviducte, de l'ovaire à la matrice, pour préciser les jours favorables à la fécondation, et les jours où elle n'est plus possible.

Parmi les physiologistes, les uns prétendent que, pour accomplir le trajet de l'ovaire à la matrice, l'ovule met trois ou quatre jours; — les autres disent cinq ou six; — quelques-uns élèvent le nombre à sept ou huit jours. — Ces divergences d'opinions sont loin de confirmer la vérité. — D'un autre côté, le temps que l'œuf non fécondé, séjourne dans la matrice, arbitrairement évalué à six ou huit jours, n'offre pas plus de certitude. Donc, rien de positif dans ces évaluations. D'abord, parce qu'on doit tenir compte du tempérament de la femme, de sa situation, de son état de santé, etc... Ainsi que l'estomac de toutes les femmes ne digère pas avec la même rapidité; que l'assimilation, les secrétions et autres fonctions varient selon les tempéraments; de même la progression de l'œuf vers la matrice, ne doit pas s'effectuer d'une manière identique, chez toutes les femmes. — Ensuite, parce que l'ovule non fécondé, dont le volume égale à peine celui d'un très-petit pois, ne saurait séjourner six à huit jours dans la matrice, sans éprouver une décomposition, une dissolution.

Cependant, la plupart des auteurs qui se sont occupés de cette question, affirment que la fécondation est certaine six jours et même huit jours avant les règles, et huit à dix jours après; de telle sorte, qu'en comptant les jours des règles à quatre seulement, la fécondation, d'après eux, serait possible vingt à vingt-cinq jours par mois!!!... Evidemment ce calcul est erroné. Ces auteurs n'ont point expérimenté, sans doute, et se sont fait tout simplement l'écho des croyances admises.

Avant de prouver l'erreur, nous ferons encore observer que nous écrivons pour les personnes du monde, afin de mettre à leur portée les curieux phénomènes de la fécondation. Cette question étant très-embrouillée, très-ardue, il est nécessaire de l'exposer clairement, et, pour qu'elle soit comprise de tous, il ne faut pas craindre de répéter ce que nous avons déjà dit; par le motif, que souvent un lecteur qui n'a pas bien saisi une définition, énoncée une première fois, arrive à la comprendre la seconde fois. Voici, donc, nos propres observations sur les diverses phases du mystérieux travail qui s'accomplit dans le système génital de la femme, avant et pendant la fécondation.

§ I

Le lecteur se rappellera que l'écoulement des règles commence après l'ovulation et que la durée de cet écoulement est en général, très-variable.

Il devra, aussi, se rappeler que l'animalcule spermatique s'introduit dans l'oviducte et monte jusqu'à ce qu'il soit arrivé à la partie supérieure de ce conduit; que là, il se fixe attendant l'œuf à son passage pour le saisir et le féconder.

La vie de l'animalcule ou zoosperme est de 2, 3 et 4 jours, selon le degré de sa vitalité (1); après ce temps, il meurt et se dissout; c'est ce qui arrive toujours dans les coïts pratiqués hors des jours favorables; ces coïts restent inféconds parce que l'animalcule meurt, sans avoir rencontré d'ovule. — La durée de la vie du zoosperme explique très-bien les fécondations opérées par des coïts pratiqués deux ou trois jours avant les règles. — Nous avons aussi tenu compte du tempérament, de l'âge, des habitudes et de la condition de la femme, qui ont une influence marquée sur la durée et la quantité du flux menstruel. — Nous nous sommes assuré que les femmes bilieuses et nerveuses, étaient moins fécondes que les femmes lymphatiques et lymphatico-sanguines, probablement parce que, chez ces dernières, l'ovulation a plus de durée; que leur système génital est moins sujet aux spasmes et plus extensible pendant l'acte copulateur.

Etayée de tous les faits et considérations qui précèdent, nous pensons que la théorie des jours

---

(1) Des zoospermes ont été trouvés vivants dans les oviductes de deux femmes, mortes depuis deux jours, l'une asphyxiée par le charbon, l'autre par submersion. On peut inférer de ces faits, que la vie des infusoires spermatiques doit être plus longue dans les parties de la femme vivante, que dans un cadavre.

fastes et néfastes peut se résumer ainsi qu'il suit.

SECTION I

JOURS FAVORABLES A LA FÉCONDATION

D'après les données physiologiques les plus précises, ces jours sont :

Les deux ou trois jours avant l'apparition des règles; — pendant leur flux — et deux ou trois jours après leur cessation; en tout dix à douze jours selon la durée de l'ovulation et de la menstruation.

Explication. — 1° Le coït étant pratiqué deux jours avant l'apparition des règles, les animalcules spermatiques pénètrent dans l'oviducte et vont se fixer à la partie supérieure de ce conduit, pour attendre et féconder l'ovule au passage. C'est le mode de fécondation le plus naturel et le plus sûr.

2° Pendant la durée du flux menstruel, la fécondation est encore certaine, puisque l'œuf opère sa descente vers la matrice; l'animalcule qui monte dans l'oviducte doit nécessairement le rencontrer et le féconder. Ce mode de fécondation est particulier aux animaux qui s'accouplent à l'époque du rut. Il ne faut point ajouter foi à ces auteurs qui prétendent que la fécondation opérée pendant le flux menstruel, produit des enfants débiles, cachectiques, maladifs. Le sang des règles, disent-ils, est un sang impur que la nature élimine du corps de la femme. Cette assertion est complétement fausse et doit être mise au nombre de ces vieilles erreurs dont la science moderne à fait justice. — Les analyses de plusieurs savants chimistes, ont démontré que le sang des règles était identique à celui qui circule dans les vaisseaux artériels du corps : même composition, même quantités de globules; il n'existe aucune différence.

3° Pendant les premiers jours qui suivent la fin de l'écoulement, la fécondation peut encore s'opérer chez les femmes dont les règles sont de courte durée; l'ovule n'étant pas encore descendu dans la matrice, l'animalcule spermatique peut le féconder dans l'oviducte. Mais, chez les femmes dont les règles coulent au-delà de quatre ou cinq jours, la fécondation est très-incertaine, on pourrait même dire impossible; parce que l'ovule, descendu dans la matrice, a été entraîné au dehors par le sang des règles.

Le professeur Coste, examinant au microscope le sang menstruel de plusieurs filles de joie, y a souvent découvert des œufs *non-fécondés*, et quelquefois des œufs *fécondés*; ces derniers d'après son calcul, annonçaient une conception de vingt à trente à jours: leur expulsion de la matrice était un avortement naturel et inconscient, provoqué soit par l'abus du coït, soit par des brutalités, des violences aux quelles ces malheureuses filles sont très souvent exposées.

Les femmes mariées dont les règles reparaissent après dix-huit, vingt ou vingt-deux jours, sont sujètes à ces sortes d'avortements, sans le savoir. Il en est de même pour les jeunes femmes qui, pendant la première année de leur mariage, se livrent trop fréquemment à l'acte procréateur. — L'éréthisme des diverses pièces de leur système génital causé par le spasme vénérien, vers le quinzième jour de la fécondation, peut détacher l'ovule de son point d'union à la matrice et donner lieu aux avortements *inconscients* dont nous venons de parler. Ces accidents sont moins rares qu'on ne le pense généralement.

JOURS NON FAVORABLES A LA FÉCONDATION

Quatre ou six jours après la cessation compléte des règles; quelquefois plus, d'autrefois moins, selon le tempérament de la femme, selon la durée de l'ovulation et de la menstruation, les jours néfastes commencent. — Alors, la fécondation devient impossible jusqu'à la maturité d'un nouvel œuf, ce qui la renvoie au mois suivant.

Tel est l'admirable et secret travail qui s'accomplit dans les organnes génitaux de la femme, aux époques de l'ovulation de la menstruation et de la fécondation.

D'après ces données physiologiques, le mois se partage en deux périodes : l'une où la fécondation est certaine, l'autre où elle n'est plus possible. — Ces renseignements peuvent-être utilisés dans un cas comme dans l'autre, selon les circonstances et la volonté des conjoints.

SECTION II

INFLUENCE DU COÏT SUR L'ÉCONOMIE HUMAINE ET PARTICULIÈREMENT SUR LA FEMME

L'acte génital exercé modérément et hygiéniquement, c'est-à-dire, dans les circonstances où il ne peut nuire à l'individu, est une fonction qui exalte la vie et produit des effets salutaires. C'est surtout chez la femme que le mariage agit en ce sens; il développe ses charmes, et complète sa beauté; son action s'étend aussi sur le moral, en lui donnant plus d'indépendance et d'aplomb.

Mais, autant les plaisirs modérés du mariage sont salutaires, autant leur abus devient nuisible, il épuise le système nerveux, altère la beauté physique, engendre des maladies locales, des écoulements, des inflammations, des chutes de matrice etc., et porte atteinte à la faculté procréatrice. D'un autre côté, il pervertit le sentiment d'amour, enraie l'activité intellectuelle, obscurcit la raison et ne laisse de place, dans l'esprit, qu'aux idées érotiques; enfin, l'abus des jouissances vénériennes peut conduire l'individu à une dégradation complète du physique et du moral.

Ici, nous nous permettrons une digression sur un point assez obscur aux yeux des gens du monde.

Beaucoup de femmes prétendent, probablement pour des motifs intéressés, que leur premier contact avec l'homme, a été très-douloureux et suivi d'hémorrhagie. *Cruenta Venus*... Leur pudeur a lutté longtemps contre les efforts de leurs époux..... Les pauvrettes!..... Pourquoi dévoiler ces petits secrets? Est-ce pour se donner plus de relief? Etrange vanité!... Notez bien que ce sont toujours les femmes les moins véridiques qui ne craignent pas de faire ces singulières confidences..... Un peu de réflexion leur eût évité la confusion de n'être pas crues.

Examinons le fait : — Ou ces vives douleurs, cette hémorrhagie, cette lutte sont des mensonges ; — ou la femme qui les a réellement éprouvées , est mal conformée génitalement ; ou elle est affligée d'un vice organique, d'une maladie?.. Cela doit être ainsi, car la nature qui a fait la femme conservatrice de l'espèce humaine, n'a pu vouloir que le premier contact lui causât une aussi terrible douleur; s'il en était autrement, la femme éprouverait une invincible aversion pour ce contact; ce qui n'est pas, puisqu'elle le désire..... Donc, loin de convaincre sur la vérité du fait, les confidences sus-mentionnées produisent l'effet contraire.

Du reste, les femmes de bonne foi, questionnées sur ce cas, avouent avec leur franchise naturelle, que le premier contact n'a pas été aussi pénible, aussi douloureux que les premières le prétendent; elles ont, disent-elles, éprouvé un froissement désagréable, une légère érosion de la membrane qui tapisse les parties secrètes et par suite une sensation de cuisson.

La physiologie nous apprend que le premier rapprochement sexuel ne détermine, chez la femme d'autre changement, dans les organes génitaux que le froissement, l'éraillure ou une légère déchirure du replis membraneux nommé *hymen*; donnant *quelquefois* lieu à une perte de sang tout-à-fait insignifiante. La plupart des jeunes femmes sincères, avouent même n'avoir éprouvé que peu ou point de douleur à leur défloraison. La cause doit en être attribué à la bonne conformation du vagin et au volume normal du pénis dont l'introduction a dû se faire sans accident.

Les changements qui s'opèrent, chez la femme mariée, soit par le coït fréquemment et longtemps répété, soit par l'enfantement, sont très apparents; — les grandes lèvres un peu aplaties et moins exactement appliquées l'une contre l'autre; leur surface interne a perdu la couleur rosée primitive; — les petites lèvres moins fraîches, moins érectiles et parfois de couleur brune; assez souvent elles sont plus allongées et dépassent l'ouverture vulvaire, — le clitoris plus saillant et son prépuce plus développé; — l'orifice du conduit urinaire plus apparent, plus évasé et laissant sortir un jet d'urine plus volumineux; — le col de la matrice plus sensible à la partie supérieure du vagin; — le conduit vaginal plus élargi, et les replis, les froncements de la membrane muqueuse moins saillants; enfin, le ventre moins arrondi, et le bassin plus mobile dans son articulation sacro-lombaire.

Parent Duchatelet, dans son intéressant ouvrage sur la *Prostitution*, affirme que pendant sa longue pratique, il n'a jamais trouvé de notables différences entre les parties génitales des femmes mariées et celles des prostituées. Il cite l'observation d'une femme de 51 ans qui, depuis sa quinzième année se livrait à la prostitution, et dont les organes sexuels avaient conservé leur fraîcheur. On peut conclure de cette affirmation, 1° que les femmes galantes et les prostituées de Paris donnent des soins particuliers à ces organes; 2° que chez les femmes qui n'ont pas eu d'enfants, la dimension de l'ouverture vulvaire et du canal vaginal est congéniale, c'est-à-dire vient de naissance; et qu'on ne doit pas plus s'étonner de la largeur ou de l'étroitesse de ces parties, que des dimensions et directions si variables des autres parties du corps; — 3° que chez les femmes qui ont accouché plusieurs fois, le conduit vulvo-utérin est au contraire élargi, que les grandes lèvres sont amincies et les petites lèvres ont acquis une longueur, parfois incommode.

CHAPITRE XVII

DE L'HÉRÉDITÉ PHYSIOLOGIQUE

Considérée dans son acception la plus générale, l'hérédité est une des grandes lois de la nature, en vertu de la quelle tous les êtres qui peuplent le globe, se perpétuent incessamment.

Dans le sens restreint à l'espèce humaine, l'hérédité physiologique peut se diviser en deux catégories :

1° L'HÉRÉDITÉ PLASTIQUE d'où dépend la configuration, la composition matérielle de l'individu; c'est-à-dire, *le physique, le corps.*

2° L'HÉRÉDITÉ DYNAMIQUE, comprenant les diverses facultés cérébrales inhérentes au corps humain c'est-à-dire, l'intelligence, le moral, l'âme.

A l'hérédité *plastique*, appartient la forme et la composition des divers organes constituant le corps. — L'hérédité *dynamique*, résume toutes les facultés intellectuelles ou morales dévolues à l'homme, et tous les modes de leur activité. L'hérédité transmet généralement ces deux formes nécessaires au complet développement de l'individu.

SECTION I

DE L'HÉRÉDITÉ PLASTIQUE

L'hérédité plastique ou la transmission, aux êtres procréées, de la structure externe du corps et des traits du visage, se remarque dans les familles à des degrés plus ou moins apparents. Il est très-rare de ne pas rencontrer chez les enfants quelques-uns des traits de la mère ou du père.

Cependant, s'il existait une complète dissemblance entre les procréateurs et les procréés, il faudrait remonter à l'aïeul, et rarement au bisaïeul, pour retrouver la ressemblance; on dit alors que l'hérédité a fait un saut vers les ascendants. Ces cas sont exceptionnels.

Quelquefois l'hérédité des traits ne se montre point d'une manière continue, pendant les diverses périodes de la vie. Chez beaucoup d'individus, elle se manifeste pendant la jeunesse tandis que chez d'autres, c'est pendant la vieillesse. On est souvent étonné de voir des personnes âgées revêtir peu à peu la ressemblance de leurs parents directs, auxquels il ne ressemblaient nullement pendant leur jeunesse.

La ressemblance arrive parfois, jusqu'à faire illusion. On cite plusieurs cas où les enfants, parvenus à l'âge de dix-huit ans, ressemblaient tellement à leur père ou à leur mère, qu'il y avait à s'y méprendre. Notre célèbre chanteur NOURRIT, parut, un jour, avec son fils, sur la scène de l'opéra, dans une pièce à quiproquo, faite spécialement pour eux. Leur ressemblance était si exacte, si frappante, que les spectateurs prenaient tantôt le père pour le fils, et tantôt le fils pour le père.

§ I.

Hérédité de la taille et des formes, etc.

La transmission de la stature, des formes et du volume du corps, est un fait vulgaire qui se renouvelle incessamment. — Deux procréateurs de haute taille, donneront le jour à des enfants d'une taille semblable, ou à peu près, à la leur.

Certains peuples de l'antiquité ne permettaient le mariage aux hommes de haute stature qu'avec des femmes de taille élevée, dans le seul but d'obtenir des êtres grands, vigoureux et propres à la guerre.

Frédéric-le-Grand, roi de Prusse, avait une prédilection pour les soldats de haute stature; il composa sa garde d'hommes colosses, et, pour perpétuer cette génération de géants: il mariait ses gardes avec des femmes dont la taille égalait la leur. L'histoire dit qu'il avait réussi.

Le *Times* du 13 janvier 1845, rapporte le fait suivant :

Un homme, haut de six pieds six pouces, et pesant 468 livres anglaises, se présenta devant le juge pour réclamer contre un engagement frauduleux ; ses réponses firent connaître ces détails : — son père, fermier d'un grand personnage, mesurait six pieds quatre pouces ; — sa mère six pieds ; — ses frères, six pieds quatre et six pouces ; — la taille de ses sœurs était égale à celle de leur mère. — D'où l'on peut conclure, que deux époux de haute stature transmettront leur taille à leurs enfants.

Les mariages de deux individus de petite taille engendrent généralement des enfants dont la taille ne dépasse pas celle des parents et, parfois, reste au-dessous.

L'obésité, de même que la maigreur sont transmissibles par voie d'hérédité.

Les père et mère solidement constitués et doués d'un système musculaire athlétique, transmettent à leur progéniture leur forte charpente et leurs muscles.

Les procréateurs usés par les excès, affaiblis par les maladies, engendrent des êtres débiles et dont la santé sera toujours chancelante.

Ces diverses transmissions physiques sont le résultat direct de la loi d'hérédité; quoiqu'il existe beaucoup d'exceptions, cette loi n'en reçoit aucune atteinte.

En Angleterre, plusieurs éleveurs célèbres sont parvenus, au moyen du croisement des races, du choix des sujets, de l'alimentation, du repos et des exercices combinés, de métamorphoser les animaux domestiques; — de grossir, d'engraisser les uns; — de maigrir, de rapetisser les autres; — d'obtenir le développement monstrueux ou l'atrophie de tel tissu, de tel membre et de telle partie du corps. (Voyez pour les détails de leurs procédés, notre *Hygiène de la Beauté humaine et perfectionnement des formes,* au chap. *Entrainement.*

§ II

Hérédité de la couleur

La couleur des cheveux et de la peau, leurs diverses teintes et nuances, de même que leurs qualités et leurs imperfections se transmettent directement.

Chez les races types qui ne se mélangent point, la couleur reste constamment la même. Les peuples à cheveux blonds ou roux, et les peuples à cheveux noirs, transmettent invariablement la couleur de leur peau et de leurs cheveux.

Mais, si de l'hérédité de la couleur des espèces et des races, on descend à l'hérédité des teintes, des nuances tégumentaires et pileuses, par le croisement; alors, les variétés sont très-nombreuses.

L'union d'un brun et d'une blonde, donne la nuance chatain à la fille et la couleur blonde au fils. — Du mariage d'une femme brune à un homme blond, naissent des garçons bruns et des filles blondes.

Les nuances chatain foncé jusqu'au chatain clair; — les nuances du blond, qui tantôt se délaie, devient presque blanc, et tantôt passe au roux; produisent par leur alliance des nuances à l'infini. Ce sont particulièrement les unions des sujets de race noire aux sujets de race blanche, qui produisent les variétés de couleur de la peau, les plus tranchées.

Le tableau suivant donnera au lecteur une idée de la progression du *métissage* en Amérique.

PROCRÉATEURS	PRODUITS	DEGRÉS DE MÉLANGE			
Blanc et noir......	Mulâtre....	1/2	blanc	1/2	noir
Blanc et mulâtre...	Terceron...	3/4	blanc	1/4	noir
Noir et mulâtre...	Zambo.....	3/4	noir	1/4	blanc
Blanc et terceron...	Quarteron...	7/8	blanc	1/8	noir
Noir et terceron...	Quinteron...	7/8	noir	1/8	blanc
Blanc et quarteron..	Quinteron...	15/16	blanc	1/16	noir
Noir et quarteron..	Quinteron...	15/16	noir	1/16	blanc

On pourrait allonger cette échelle, mais nous pensons que ces exemples suffisent. — Disons, cependant, que cette gradation ou dégradation des couleurs, par le croisement des races mères et des métis, bien que réelle n'est pas constante; elle est au contraire, sujettes à de nombreuses variations. — La coloration peut se partager par moitié, comme elle peut aussi se propager irrégulièrement. — Quelquefois la couleur de l'une des deux races prédomine sur l'autre; d'autrefois c'est le contraire.

Les exemples abondent dans le métissage des animaux, surtout parmi les oiseaux. L'accouplement d'une corneille avec un corbeau, a donné trois petits noirs, comme le père, et deux gris comme la mère. — Dans les espèces chevaline et ovine, il suffit d'accoupler deux sujets de couleur opposée, pour obtenir des nuances intermédiaires. — Les tâches de la robe des procréateurs passent sur celle des petits; on peut, à volonté, moucheter les brebis et moutons, en choisissant des mâles ou des femelles tachetés. Il en est absolument de même pour les chiens, les chats, les lapins, etc.

§ III

Quelques physiologistes ont prétendu que le contact sexuel du blanc et de la négresse, de la femme de race blanche et du nègre, ne produisait pas toujours la couleur mulâtre. Plusieurs mariages, disent-ils, de nègres avec femme blanche, et d'hommes blancs avec des négresses ou des mulâtresses, ont produit indistinctement des enfants blancs, des mulâtres et des négrillons. Voici quelques-uns des faits sur lesquels ils étayent leur opinion.

Tréviranus cite l'observation d'une négresse, mariée à un blanc, qui eut de lui quatre enfants : deux filles très-blanches, un mulâtre et un négrillon. — La procréation du mulâtre s'explique très-bien par la loi du métissage; — celle du négrillon peut s'interpréter par des rapports secrets avec un nègre; — quant aux deux filles blanches, nous croyons le fait apocryphe.

Siebold a connu à Berlin, un nègre qui procréa, avec une femme blanche, sept filles mulâtres et quatre garçons parfaitement blancs. — Pour les filles point de difficultés; mais pour les garçons, est-ce possible!.... Nous ne le pensons pas.

Valmont de Bomare, rapporte plusieurs cas semblables que nous passons sous silence, attendu qu'on était beaucoup plus crédule à son époque, qu'on ne l'est aujourd'hui.

Le Dr Prosper Lucas, dans son remarquable et savant ouvrage sur l'hérédité, signale plusieurs faits de ce genre, dont nous extrayons les suivants.

La fille H..., ayant profession de giletière, fut, pendant cinq ans, la maîtresse d'un nègre pur sang; elle en eut trois enfants : deux filles et un garçon.

La première, noire comme son père, et si noire, que malgré la profonde affection de la mère pour cette enfant, elle ne pouvait se décider à sortir avec la petite négrillonne.

La seconde était une vraie mulâtresse.

Le troisième dont elle accoucha vers la cinquième année de son concubinage, fut un garçon parfaitement blanc.

Cette giletière, vivant très-retirée, n'avait eu, dit-on, commerce sexuel qu'avec le nègre.

Le premier cas, est une déviation à la règle du métissage, et paraît fort douteux.

Le troisième cas est encore plus douteux; la giletière aurait bien pu faire une infidélité à son nègre, en faveur d'un blanc.

Un cent-suisse, vécut longtemps avec une négresse du plus beau noir; il en eut beaucoup d'enfants de toutes couleurs : noirs, mulâtres et blancs.

Mulâtres : — oui; c'est la conséquence des lois du métissage. — *Noirs* : — oui, encore; à la condition expresse, absolue que la négresse oublia un moment le cent-suisse pour un nègre de sa connaissance. — *Blancs* : — non; car c'est une dérogation inadmissible aux lois physiologiques; autrement dit, aux lois de la nature.

Le troisième fait est celui-ci : — Le mari était

de race blanche; la femme était une mulâtresse renforcée, tirant sur la couleur de suie et offrant les traits caractéristique du type nègre. Cette union produisit trois enfants, deux garçons et une fille. — Les deux garçons ressemblaient à la mère, et la fille ressemblait au père.

On a essayé d'expliquer de semblables phénomènes par la prédominance de la vie intérieure ou de la vie extérieure de l'un des conjoints sur l'autre; mais cette explication étant moins que satisfaisante, on en a proposé d'autres qui ne satisfont pas davantage. Nous chercherons à élucider cette question, en tranchant la difficulté par le doute, et voici notre raisonnement :

La couleur de la peau est sous la dépendance de l'un des éléments qui la constituent et qu'on nomme *pigment* ou couche pigmentaire. Les personnes qui ont lu l'*Hygiène du visage et de la peau*, savent que l'organe cutané est composé de quatre éléments. Dans l'ordre de superposition de la couche profonde à la superficie, le pigment est le troisième et se trouve immédiatement au-dessous de l'épiderme. Selon que la couche pigmentaire est blanche, rose, brune, jaune ou noire, l'épiderme reproduit ces diverses couleurs et leurs nuances. — Chez le nègre, le pigment n'est plus une couche mince comme dans la race blanche, elle se présente à l'état de membrane jetée sur le corps muqueux de la peau; c'est en raison de cette épaisseur que le nègre est beaucoup moins sensible que le blanc à l'action d'une forte chaleur.

Selon nous, la couleur étant un des types de la race, il nous paraît impossible que l'union de deux êtres appartenant aux deux races extrêmes de l'espèce humaine, la blanche et la noire, donne un produit autre qu'un métis. Le tableau du métissage que nous avons tracé plus haut, en est la preuve irréfutable.

Donc, nous considérons comme fort douteux, pour ne pas dire impossible, qu'une négresse et un blanc procréent un enfant blanc ou un enfant noir, dans toute l'acception des termes. Qu'un nègre et une blanche donnent le jour à un enfant blanc ou, à un négrillon. — On nous objectera que ce sont des exceptions, des cas rares. Mais, les cas rares sont déjà assez nombreux, pour ne pas les multiplier encore, surtout lorsqu'on peut leur trouver une explication naturelle. Si les écrivains qui ont rapporté les faits précités, eussent pris la peine de remonter jusqu'à leur origine, ils eussent probablement découvert que ces faits étaient apocryphes.

Certes, nous savons qu'il ne faut point pousser le scepticisme à l'extrême; cependant le doute est permis, et particulièrement en histoire naturelle. Qu'on lise les anciens livres, on y verra combien de fables et de surnaturalités avaient cours autrefois, comme vérités, et dont on rit aujourd'hui. Si le doute n'eût surgi dans quelques esprits investigateurs, nous en serions encore à croire à ces impossibilités.

RÉFLEXIONS SUR CE QUI PRÉCÈDE

Le lecteur doit toujours se tenir en garde contre les cas rares; sans nier les anomalies qui se rencontrent dans les deux règnes végétal et animal, nous croyons, et tous les éleveurs pensent comme nous, que l'accouplement d'un cheval noir avec une jument blanche; — d'un chien, d'un bélier, d'un bouc de couleur noire, avec leurs femelles de couleur blanche, donnent des produits dont le pelage participe du mâle et de la femelle, et qui n'est jamais semblable à celui du père ou de la mère; c'est un mélange de l'un et de l'autre. La même loi s'applique à tous les animaux. Ce mélange de la robe du mâle et de la femelle est la cause unique de ces innombrables variétés de couleurs, de nuances, de taches qui s'offrent tous les jours à nos yeux.

Dans l'espèce humaine, il faut ajouter le type de la race, persistant, tenace et ne disparaissant qu'après une succession de siècles et par d'incessants croisements. Partant de ce principe, l'union du nègre et de la femme blanche, pro duira un métis et jamais un blanc pur ou un nègre pur. — Si le mulâtre s'unit à une femme blanche, la couleur de l'enfant se délaiera encore, et toujours ainsi jusqu'à la vingtième génération.

Alors, il n'y aura plus de différence dans la couleur avec le blanc pur; mais, les systèmes pileux et ongulaire, ainsi que certaines régions du corps, conserveront encore des signes de race plus ou moins appréciables.

Lorsque le mulâtre s'unit à une négresse, leurs enfants tendent à se rapprocher du nègre. — Si, pendant plusieurs générations, les descendants de ce mulâtre s'unissent à des négresses, le type nègre prendra le dessus.

La théorie des croisements que nous venons d'énoncer est le résultat d'observation constantes pendant deux siècles. Donc, les cas d'enfants blancs procréés par un nègre et d'enfants nègres issus d'une femme blanche sont des accidents, pour ne pas dire des impossibilités.

Il n'existe qu'une seule circonstance où l'enfant, issu d'une femme blanche et d'un nègre et réciproquement, offre en naissant, la couleur blanche; cette couleur d'un blanc d'ivoire jaune est le signe d'une maladie cutanée qu'on nomme *albinisme* : la peau est décolorée par l'absence de l'élément pigmentaire, mais les traits de cet enfants métis accusent son origine à ne pas s'y tromper.

§ IV

Hérédité des traits du visage

Cette sorte d'hérédité est celle qui s'observe le

plus fréquemment. En effet, il est très-rare qu'on ne rencontre point chez les enfants quelques-uns des traits de leurs parents soit directs, soit ascendants. Les transmissions de cette nature sont d'autant plus exactes, qu'elles datent, sans interruption, d'une époque plus éloignée.

De tous temps et chez tous les peuples, il a existé des familles dans lesquelles se transmettaient un ou plusieurs traits du visage, et que l'on désignait par un surnom ou sobriquet. — Chez les anciens grecs, les noms de *megalorhino*, grand nez; — *microrhino*, petit nez etc., étaient donnés aux individus, affligés d'un trop grand ou d'un trop petit nez. — Chez les Romains, les noms de *capitones*, *nasones*, *labéones*, *buccones*, s'attachaient aux individus affligés d'une grosse tête, d'un grand nez, de grosses lèvres, de grandes bouches. — Chez les peuples modernes, les Bourbons se transmettent, depuis des siècles, le nez aquilin. — Les gros nez sont héréditaires dans la famille des comtes *Borromée*. — Les ducs de Guise se faisaient remarquer par des yeux étincelants, des lèvres minces et un large menton.

Le docteur Grégory a donné l'observation fort curieuse, de la persistance du type de la famille dans les traits du visage. — Appelé, dit-il, dans une campagne d'Ecosse, pour voir une riche héritière, je reconnus d'abord, à la forme du nez, qu'elle ressemblait au grand chancelier d'Ecosse, sous le règne de Charles Ier. Le portrait du chancelier se trouvait dans le château. Sur le soir, pendant une promenade que je fis au village, en compagnie de l'intendant, je fus très-surpris de reconnaitre la même forme de nez, chez plusieurs paysans. — Cela n'a rien d'étonnant me répondit l'intendant; ces paysans descendent des batards de l'illustre seigneur.

Dans un journal de médecine physiologique, on trouve ce fait curieux :

Un riche baron normand, doué d'un excellent cœur et d'un naturel très-généreux, tenait du bon roi Henri IV par sa physionomie et son amour pour le beau sexe. — Pendant une période de vingt années, il ne cessa de mugueter auprès des filles des villages avoisinant son château, et fut presque toujours écouté. Chaque année le registre civil s'ouvrait pour un enfant naturel, et chaque année, aussi, les compagnies d'assurances sur la vie, recevaient vingt mille francs, placés sur la tête du nouveau-né.

A la mort du baron, son intendant releva sur ses livres une somme de 200,000 francs qui indiquaient vingt enfants : quatorze filles et six garçons. — Au dire de cet intendant, chargé de veiller sur ces enfants et de fournir à leurs besoins; les quatorze filles ressemblaient parfaitement à leur père, et les six garçons n'avaient hérité de lui que du menton, des oreilles et de la taille.

[illegible]

ses écarts, obéit néanmoins à des lois dont quelques-unes sont connus. Un fait, constaté et vulgarisé par le temps, c'est que les fils ressemblent à leurs mères et les filles à leurs pères. — La loi qui préside à cette sorte d'hérédité, est sujète à des exceptions; car il arrive que le fils ressemble à son père et la fille à sa mère. Pourquoi? Peut-être pourrait-on rechercher la cause de ces exceptions dans la puissance plastique des ovaires de certaines femmes qui moulent à leur image l'embryon, qu'il soit mâle ou femelle, n'importe; c'est ce qu'on observe dans quelques familles où tous les enfants ressemblent à la mère.

Nous citerons, à l'appui de cette opinion, les faits suivants que nous avons plusieurs fois observés :

Il existe des individualités féminines dont la puissance plastique, *très-prononcée,* agit d'une manière spéciale sur l'embryon. Ces femmes donnent toujours leur ressemblance physique aux enfants qu'elles font (filles ou garçons); jusqu'au jour où l'affaiblissement de leur puissance plastique *exceptionnelle*, les ramène au niveau des autres femmes, c'est-à-dire à la loi commune.

J'ai remarqué, bien des fois, sur les promenades et dans les jardins publics de la capitale, trois et quatre enfants de la même mère, ressembler, par les traits du visage, à celle-ci et jamais au père; cette ressemblance allait quelquefois en se dégradant, mais le type de la mère était si profondément empreint, qu'il était impossible de s'y méprendre. Une circonstance qui m'a frappé, dans cette transmission du type féminin à tout les enfants d'un même lit, est le tempérament de la mère. Ce sont presque toujours des femmes lymphatiques et blondes qui offrent cette particularité, que je n'ai jamais rencontrée chez les brunes et les bilieuses.

La cause probable de ces faits existe dans la puissance plastique exceptionnelle, dont nous venons de parler.

§ V

Structure intérieure

L'hérédité de la structure organique intérieure du corps, n'est pas plus contestable que l'extérieure; elle se manifeste en dedans comme en dehors, d'après les mêmes lois. Les parents, bien conformés intérieurement, font bénéficier leurs enfants de leur belle organisation. Les parents mal conformés intérieurement, repassent hélas! leur conformation vicieuse à leur progéniture. C'est une triste vérité, qui se renouvelle tous les jours. Pour ne citer qu'un exemple : les enfants nés de parents phthisiques, s'éteindront tôt ou tard, dans les langueurs de la phthisie..... à moins que, dès le bas âge, un traitement hygiénique et gymnastique, à la fois, n'étouffe le germe qu'ils portent en eux.

§ VI

Hérédité des tempéraments

Les tempéraments types et leurs nuances ou *idiosyncrasies* se transmettent par voie de génération. Il est plus que probable que le mariage de deux sujets sanguins, donnera des produits de même tempérament. — Dans les mariages où la femme est sanguine et l'homme bilieux, les filles tiendront de leur père et les garçons de leur mère. — Quand la mère est bilieuse et le père sanguin, les garçons hériteront de la constitution bilieuse de leur mère et les filles du tempérament sanguin de leur père. Il en sera de même pour les autres tempéraments, sauf les exceptions.

Nous terminerons cette série par la relation d'un fait authentique, qui doit faire tomber tous les doutes sur la puissante action de l'hérédité d'instincts et de race.

Un très-jeune enfant à physionomie intelligente, appartenant aux peuplades indiennes appelées *peaux rouges*, fut pris par les Anglais. On le plaça dans un collége où il étonna ses maitres, par les rapides progrès qu'il fit ; et remporta plusieurs prix. Lorsqu'il eût achevé ses études, son protecteur le ramena en Amérique pour le placer dans une maison de commerce. — Le vaisseau qui le portait, s'arrêta, pour faire de l'eau, près d'un littoral fréquenté par une tribu de *Peaux-rouges;* à la vue de ses compatriotes, le jeune collégien sentit l'instinct héréditaire se réveiller subitement et si violemment, qu'il ne put lui résister; il se jeta soudain à la mer, gagna, en nageant, le rivage, se dépouilla de ses habits et s'élança au milieu d'un groupe de *Peaux-rouges*, étonnés de son apparition. Là, il se mit à gesticuler, à pousser des cris gutturaux, à leur prendre les mains, à leur montrer son corps, semblable aux leurs; puis renouvelant ses cris, il les entraina et disparut avec eux dans l'épaisseur d'un bois.

SECTION II

HÉRÉDITÉ MORBIDE

OU TRANSMISSIONS DE CERTAINES MALADIES PHYSIQUES ET MENTALES, — DES FORMES VICIEUSES ET DES MONSTRUOSITÉS

L'hérédité morbide tient une large place dans les maladies qui affligent notre espèce, et contre lesquelles la médecine avoue souvent son impuissance. [illegible] à la [illegible] maladies incurables qu'on nomme phthisie pulmonaire, scrofule, goutte, cancer, épilepsie, démence, folie ! on la retrouve chez les ascendants.

Les philosophes et physiologistes de toutes les époques qui ont observé les maladies de cette nature, ont signalé, d'une voix unanime, l'importance d'une loi qui réglementât les mariages, mais, le Dieu PLUTUS, l'insatiable amour des richesses, des titres et des honneurs; le complet égoïsme, enfin, qui dévore notre société, ont étouffé la voix de la sagesse, au détriment de la race, des mœurs et de la santé publique.

L'hérédité morbide est désormais admise par tous les médecins. Parmi ceux qui ont traité cette question, les uns prétendent que le germe de la maladie est transmis par les procréateurs aux êtres procréés; les autres nient l'existence de ce germe et ne reconnaissent qu'une prédisposition héréditaire. Nous nous rangeons de l'avis de ces derniers. En effet, puisque l'hérédité de structure est un fait reconnu, il est logique d'admettre que, dans le parenchyme de l'organe de l'enfant, correspondant à l'organe malade des parents, il existe un mode d'être qu'on a nommé prédisposition.

La prédisposition héréditaire n'engendre pas nécessairement la maladie, mais elle donne dix-huit mauvaises chances contre deux bonnes chances de telle sorte, que sur vingt enfants prédisposés, on en comptera dix-huit qui, dans le cours de leur vie, offriront les signes de cet effrayant héritage.

Parmi les affections morbides qui se transmettent le plus généralement, on cite la phthisie, la gravelle, la splénite, la scrofule et la triste famille des maladies nerveuses : le rhumatisme, la goutte, la migraine, l'hystérie, l'épilepsie, l'aliénation mentale!....

Devant cette affligeante vérité, on se demande si la science et l'art ont découvert un remède, un moyen, pour enrayer, modifier ou détruire les prédispositions héréditaires, les vices de conformations, les altérations de structure interne, en un mot, l'hérédité morbide? La science et l'art peuvent-ils, aussi, agir assez efficacement sur le physique et sur le moral de l'enfant, pour redresser les directions vicieuses, pour réprimer les mauvais penchants et les passions brutales qui dégradent l'homme et portent le désordre au sein des sociétés?...

La réponse est affirmative à l'égard des vices de conformations extérieurs, l'orthopédie possède contre ces vices, des moyens presque miraculeux.

Quoique la réponse soit moins positive pour ce qui concerne l'hérédité interne; cependant on peut affirmer que la science médicale soutenue par ses auxillaires, l'hygiène et la gymnastique, peut, jusqu'à un certain point, combattre et terrasser l'ennemi qu'elle poursuit;

Depuis une vingtaine d'années, des observations d'une stricte exactitude, ont fourni la preuve irrécusable que des médecins hygiénistes et gymnasiarques ont opéré, non-seulement des cures fort remarquables d'affections héréditaires, mais qu'en soumettant, dès le bas âge, à un traitement spécial, l'enfant entaché du vice organique de ses parents, ils en ont transformé complètement la constitution. Voici, en quelques lignes le résumé de ce traitement.

L'hygiène, le régime alimentaire, et les exercices physiques appropriés à l'organe prédisposé ou malade, sont désormais reconnus comme les moyens les plus efficaces et les plus puissants pour arriver au but désiré.

— L'hygiène enseigne à soustraire l'enfant à toutes les influences nuisibles. — Le régime alimentaire est basé sur la connaissance des aliments les plus favorables à la formation d'un chyle de qualité supérieure, et sur les moyens de diriger les sucs nutritifs sur tel ou tel organe.

— Une gymnastique spéciale, c'est-à-dire des mouvements, des exercices appliqués à l'organe ou aux organes prédisposés ou déjà compromis, en modifient la vitalité, de façon à renouveler leurs molécules constituantes.

Les auxiliaires de ces trois principaux moyens sont : les bains de nature différente, selon l'âge et le tempérament du sujet ; l'air pur et vivifiant de la campagne ; les promenades ; les frictions ;

les percussions journalières sur toute la surface du corps, la tranquillité du moral; enfin, l'éloignement de toutes les causes qui pourraient irriter ou fatiguer l'organe prédisposé ou atteint de maladie héréditaire.

Si tous ces moyens échouaient, on aurait recours aux agents thérapeutiques, dont l'action élective sur l'organe affecté est avérée.

Ce triple régime hygiénique, alimentaire et gymnastique, appliqué intelligemment et suivi avec persévérance, obtient chaque jour de très-beaux résultats.

Recommandation *essentielle, absolue.* — Dans le cas où l'un des époux est atteint d'une affection nerveuse héréditaire, dont les accès reviennent à à des époques plus ou moins rapprochées ou éloignées, il est du devoir de tous les deux de s'abstenir complètement de l'acte procréateur, pendant toute la durée de l'accès. Il n'y a aucune objection à faire à cette défense.

Le lecteur comprendra facilement que, pendant les accès de goutte, de rhumatisme, de migraine, d'hystérie, de gastralgie, de pneumotalgie, d'aberration mentale momentanée, etc..., si les époux commettent la coupable imprudence de se livrer au coït et que la fécondation ait lieu, il est très-probable que l'être procréé dans ces conditions défavorables, apportera, en naissant, le germe de la maladie de ses parents, ou pour le moins, une prédisposition à la contracter plus tard.

Donc, la morale et la raison ordonnent aux époux qui se trouvent dans les conditions susmentionnés, de s'abstenir strictement de l'acte conjugal.

SECTION III

HÉRÉDITÉ MORALE

OU TRANSMISSION DES PASSIONS, DES BONS OU MAUVAIS PENCHANTS ET DES ALTÉRATIONS MENTALES

L'hérédité morale n'est pas plus contestable que l'hérédité physique.

Il n'est rien dans le corps humain qui ne se transmette aux descendants, par voie de génération : le moral et le physique sont également soummis à cette loi. — Les facultés intellectuelles. les caractères, les bons instincts et penchants, les perversions morales, les entrainements au crime, etc., etc., tout, hélas ! tout se transmet; ce qu'il y a de navrant à dire, c'est que les mauvais penchants étouffent souvent les bons et se perpétuent dans les familles avec une désolante ténacité. — S'en suit-il, delà, que les êtres issus de parents vicieux, débauchés, criminels seront *fatalement* entraînés sur la même route?

Distinguons : non, tous ces enfants ne seront

pas forcés de suivre la route battue par leurs parents; mais, il s'en trouvera, parmi eux, qui auront une inclination, un penchant au mal; et si l'éducation, le milieu dans lequel ils vivent, ne les détourne de cette voie, ils y seront poussés par la force héréditaire. L'histoire de tous les peuples est là pour le prouver.

L'homme, considéré au point de vue de la physiologie, offre tous les caractères de l'animalité et en traverse toutes les phases : il naît, il vit, se reproduit et meurt comme tout animal et d'après les mêmes lois. Pourquoi échapperait-il seul aux lois de l'hérédité?.... Tous les faits sont contre cette assertion.

L'hérédité régit, dans la famille humaine, la disposition à toutes les passions; l'expérience le vérifie tous les jours.

L'ivrognerie est héréditaire. — Dans une famille où l'un des procréateurs se livre aux boissons alcooliques, un ou plusieurs enfants seront ivrognes. Depuis *Olympias*, mère d'Alexandre-le-Grand, qui légua ce défaut à son fils, les transmissions de ce genre se multiplient incessamment. On sait que ce fameux conquérant, dans un moment d'ivresse, tua de sa main, son plus dévoué serviteur, le brave *Clitus* qui lui avait sauvé la vie. Ce fut encore pendant une orgie, que ce prince ivre de vins et pour plaire à la courtisane Thaïs, incendia la ville de *Persépolis*!..

Dans notre société moderne, l'ivrognerie est

peut-être, plus générale encore, plus fréquente que chez les anciens peuples, qui ne connaissaient point l'immense variété de vins et de liqueurs, dont la civilisation moderne fait ses délices.... Que d'adultères, de séductions et de prostitutions à la suite de l'ivresse alcoolique!... Que de dégradations, et de prévarications!...

Les passions du jeu, du vin, de la gourmandise se transmettent généralement; il est même assez rare, lorsque les pères ou mères ont été dominés par un de ces penchants, que, parmi leurs enfants, ils ne s'en rencontre pas un ou plusieurs grevés des mêmes défauts. Dans le traité DE LA GÉNÉRATION de Girou de Buzareingues, et dans le savant ouvrage du docteur Prosper Lucas, déjà cité, le lecteur curieux trouvera des exemples frappants de ces sortes de transmissions.

L'activité cérébrale, l'ampleur des facultés intellectuelles sont héréditaires, de même que la paresse de l'esprit et du corps.

L'avarice se perpétue dans certaines familles; tandis que dans d'autres, c'est la prodigalité qui les conduit à la ruine.

La passion de l'amour physique est transmissible de la mère au fils; moins souvent à la fille; du père à la fille et moins souvent au fils. Le libertinage se transmet également. Il est assez rare que des époux libertins ne donnent point le jour à quelques enfants entachés de leur vice.

Les femmes dont les organes génitaux ont acquis un excès de vitalité; surtout celles dont le clitoris est devenu un foyer d'irritation, sont plus disposées que les autres femmes aux plaisirs vénériens. Il en est quelques-unes chez les quelles le développement anormal de cet organe, fait naître des goûts contre nature : les hermaphrodites femelles, les Tribades sont dans ce cas. Le plus ordinairement ces femmes sont stériles; mais, s'il leur arrive d'être fécondées, il est fort à craindre que les enfants n'héritent de leurs tristes penchants.

Il existe des tempéraments, des organisations érotiques fatalement portés à l'amour, aux voluptés génitales, la raison, le châtiment, le déshonneur, les périls restent sans effet; l'âge même ne peut éteindre les ardeurs de ces tempéraments; c'est une honteuse maladie, une névropathie du cervelet et des organes génitaux contre laquelle viennent échouer les traitements les plus énergiques. Chez la femme, l'érotisme est peut-être plus pressant, plus vivace que chez l'homme; elle s'y livre, avec une étrange fureur!... L'histoire médicale de toutes les époques en fournit des exemples à inspirer l'horreur...

Mais, faut-il le dire, en fait d'érotisme effréné, les anciens ont, peut-être été surpassé par les modernes. Si dans Babylone la prostitution courait les rues; si les Grecs et les Romains ont eu leurs Bacchantes, leurs Satyres, les peuples dégénérés qui leur ont succédé nous ont offert le plus révoltant cynisme. Si, chez les premiers, les Poppée et les Messaline sont restées comme des types de fureur utérine; chez les seconds, les Lucrèce Borgia et autres membres de cette odieuse famille, se sont livrés à de si fougueux déportements, à de si sales voluptés, que les unes n'ont rien à envier aux autres.

Fort heureusement que, de nos jours, ces effrayantes névropathies génitales sont isolées dans des maisons de fous. Et, lorsqu'on vous dit que ces terribles maladies sont transmissibles; on reste effrayé devant un tel aveu...

Les sujets atteints de fureur génitale, devraient, dans leurs moments de rémission, de calme appeler à leurs secours le sentiment religieux ou philantropique et déployer toutes les puissances de leur volonté pour rendre leur passion stérile, et pour ne pas transmettre à leurs enfants, un aussi triste héritage.

§ VII

Hérédité des instincts criminels. Penchant au vol

Cette dangereuse hérédité n'est malheureusement que trop constatée. *Bon chien chasse de race*, dit un vieux proverbe; le fameux Vidocq répétait à qui voulait l'entendre, que sa longue expérience lui avait fait acquérir la conviction, que l'instinct du vol et de l'assassinat se transmettait, dans certaines familles, de génération en génération; il en fournissait les preuves.

Tous les voleurs de profession, qui ont affaire avec la justice, sont reconnus appartenir à des parents condamnés pour ce crime. Lorsqu'un jeune garçon ou une jeune fille sont surpris, pour la première fois, en délit de vol, il est rare que l'instruction ne découvre point qu'ils appartiennent à une famille dont un ou plusieurs membres ont été condamnés comme voleurs.

Dans les mémoires de Vidocq, dont nous venons de parler, on trouve la relation de différents vols avec des circonstances de ruse et d'audace vraiment saisissantes, et toujours exécutées par des voleurs de profession de père en fils.

La *Gazette des Tribunaux*, en juillet 1846, rapportait un fait si étrange et si bizarre, qu'on hésiterait à le croire; le voici :

« La fille Marianne, à peine âgée de 21 ans, remarquable par sa beauté et la distinction de ses manières, est saisie, en compagnie de voleurs, au moment où elle jouait un rôle dans le vol dit à l'*américaine*. Elle n'est condamnée cette fois qu'à six mois de prison. Surprise, de nouveau, dans l'église de Lorrette, en complicité de vol avec des *charrieurs*, désignés sous le nom de

Bande belge, elle est frappée d'une condamnation à un an de prison. Sa détention expirait le 1er juillet 1846, lorsque des révélations recueillies sur ses antécédents, ne permirent point de la remettre en liberté.

» La justice avait appris que Marianne était un des principaux agents de cette *race Bohême* dont le chef, Claude *Thibert*, exerçait avec succès sa coupable industrie. L'instruction dirigée contre ce Thibert et ses complices, révéla des cho es singulières au compte de Marianne; confrontée avec eux, elle avoua tout. D'une beauté remarquable, ainsi que nous venons de le dire, à la voix douce et aux manières distinguées; parlant avec facilité le français, l'allemand et l'anglais; aussi libre, aussi élégante sous le costume masculin que sous celui de femme, elle montrait une égale aptitude à jouer tous les rôles et ne reculait devant aucun des moyens propres à assurer le succès de ses entreprises.

Cette voleuse émérite a pour père un voleur condamné cinq fois et qui subit, en ce moment, une peine afflictive et infamante. Sa mère est une voleuse également condamnée plusieurs fois, et son frère est, en même temps qu'elle, emprisonné pour vol avec récidive. Enfin, pour singularité dernière, elle est née, sur un grand chemin, dans une voiture dont se servaient ses père et mère pour transporter les produits de leurs vols.

§ VIII

La croyance à l'hérédité physiologique n'est point de date récente, on la retrouve dans les écrits de plusieurs philosophes de l'antiquité. Aristote nous a transmis les deux faits suivants :

Un fils, homme fait et marié, battait son père; pour s'excuser aux yeux des témoins de cette brutalité, il tenait ce langage : — Mon père a battu mon aïeul; — mon aïeul a traité mon bisaïeul de la plus cruelle manière, et cet enfant que vous voyez, qui est mon fils, n'aura pas aussitôt atteint l'âge d'homme, qu'il ne m'épargnera pas les sévices et les coups.

Un autre père, pour faire lâcher prise à son fils qui le traînait par les cheveux hors du seuil de la maison, lui criait : — Assez! assez! mon fils, je n'ai pas traîné plus loin mon père;..... je t'en supplie, assez!

Plutarque a écrit :

« L'être engendré tient en tout de son procréateur. Les enfants des hommes vicieux et méchants sont une dérivation de l'essence même de leurs pères. Ce qu'il y avait dans ceux-ci de principal; ce qui vivait, ce qui pensait, ce qui parlait, est précisément ce qu'ils ont donné à leurs fils; il ne doit donc pas sembler si étrange et difficile à croire, qu'il y ait entre l'être générateur et l'être engendré, une sorte d'identité occulte, capable de soumettre justement le second à toutes les suites d'une action commise par les premiers. »

§ IX

Penchant au meurtre

L'hérédité de l'instinct du meurtre ne se rencontre que trop fréquemment; cet instinct se confond avec ceux de la ruse, de la défense, du vol et de la rixe. Tantôt le meurtre est calculé froidement et tantôt il dégénère en monomanie. Pour le physiologiste et même pour tout observateur, l'homme chez lequel se développent ces instincts dangereux, est un être redoutable qui, tôt ou tard, portera le deuil dans la société. En dépit des châtiments les plus rudes, malgré le bagne et l'exportation, il sera toujours assassin; il y est poussé par son organisation. Les Papavoine, les Lacenaires, les Dumolard et tant d'autres, en sont d'effrayants exemples. Les circonstances atténuantes ne devraient jamais être invoquées en faveur de ces monstres; car, à l'expiration de leur peine, ou à leur évasion, ils recommenceront de plus belle.

Il est incontestable que le malfaiteur, qui a roulé dans les prisons ou les bagnes, s'est de plus en plus gâté au contact d'autres criminels, et qu'il en sortira pire qu'il y était entré. Ces misérables sont d'autant plus dangereux que la société les craint et les repousse. Alors, que faire pour se procurer leur subsistance? Ils ont naturellement recours au vol, au brigandage, et rien ne leur coûte pour en assurer le succès; la ruse, la violence, l'assassinat!... Il en est même, parmi ces monstres, qui tuent pour le seul plaisir de tuer..... En vérité, lorsqu'on lit dans les gazettes judiciaires certains meurtres perpétrés, avec des circonstances si horribles, si féroces, on est tenté de croire que les moyens de répression, contre de pareils forfaits, ne sont point assez sévères.

Les proneurs de l'abolition de la peine de mort, ne sont point physiologistes; ils n'ont point disséqué l'homme physique, et par cela même, ne connaissent qu'imparfaitement l'homme moral; ils ignorent sans doute que les bons et mauvais penchants se transmettent par voie d'hérédité; et que, parmi les enfants de père et de mère, issus eux-mêmes, d'aïeux souillés des crimes de vol de meurtres, parmi ces enfants, disons-nous, il s'en trouvera qui subiront fatalement la loi d'hérédité physiologique, et qui, l'occasion se présentant, commettront les crimes dont leurs parents se sont rendus coupables. Les grâciés, les échappés des prisons et des bagnes confirment, chaque jour, cette désolante vérité.

Les annales contemporaines des cours d'assises

fourmillent d'exemples de meurtriers dont la férocité fait dresser les cheveux et frissonner d'horreur.

Ici c'est une famille d'assassins, de père en fils, terreur de la contrée, et que la justice a enfin frappé. — Là, c'est un mari qui fait dévorer sa femme par un boule-dogue et l'achève à coups de pieds. — Plus loin, c'est une espèce de tartufe qui, comme passe temps, a déjà commis six à huit meurtres par strangulation. — Et cet autre scélérat qui avait choisi les Bonnes pour victimes, qui les volait et les assassinait sans remords.... — Et ce monstre exécrable qui n'avait d'humain que la forme; cette brute hypocrite et féroce qui, de nos jours, a perpétré, de sang-froid, l'assassinat de toute une famille, avec des circonstances horribles à rapporter; cet assassin cent fois maudit, Troppmann, enfin! vous, *abolitionistes*, vous voudriez le soustraire à la vindicte publique?.... Oh! non; c'est impossible; votre utopie admise serait funeste à la société. — Soyez bien convaincus de cette vérité que les faits confirment tous les jours : sous l'impulsion de l'hérédité du meurtre, l'individu ensanglantera ses mains lorsqu'il en trouvera l'occasion; il ne reconnaît ni Dieu, ni loi, ni conscience, il tue parce qu'il lui plaît de tuer; quelquefois c'est par vengeance, mais le plus ordinairement c'est pour s'emparer du bien, de l'or de la victime. Il tuerait n'importe qui : son père, sa mère, ses enfants, ses autres parents; il n'y a rien de sacré pour lui; il y est poussé par son penchant au meurtre.... De semblables forfaits ne se renouvelent hélas! que trop souvent dans les basses classes de la société qui croupissent dans l'ignorance.

Ces monstres à face humaine, plus redoutables que les tigres en fureur, vous voudriez commuer la peine capitale que la justice leur applique, en celle du bagne ou de la déportation? Mais, c'est contre les bagnes et leurs succursales que vous devriez élever la voix, ô abolitionistes! car, vous savez bien qu'on sort du bagne plus pourri moralement, qu'on n'y était entré. Vous n'ignorez pas que l'échappé du bagne est un être fatal qu'on craint et qu'on repousse; un misérable qu'un nouveau crime y replongera bientôt. Ce sont ces antres de perdition qu'il faudrait abolir; ces lieux où le crime se révèle dans son effroyable cynisme. C'est d'abord, l'ignorance du peuple qu'il faut combattre et détruire par tous les moyens possibles et vous verrez les crimes diminuer. Les statistiques ne prouvent-elles pas que le plus grand nombre des meurtres sont commis par la classe ignorante; éclairez et moralisez, et vous obtiendrez un grand résultat.

Comment! le scélérat qui a prémédité et effectué le meurtre de votre mère, de votre père ou de tout autre citoyen honorable pour s'emparer de sa dépouille; et qui, le cas échéant, en assassinera d'autres; vous voudriez l'exonérer de la peine de mort?... Allons-donc! vous n'avez pas réfléchi. Les raisons que vous donnez sont tout simplement absurdes. Il ne suffit pas d'être homme politique pour résoudre cette question; il faut encore être phsyologiste. — Avant d'être *abolitioniste*, veuillez d'abord, étudier la nature, et ensuite l'organisation humaine; alors, vous pourrez juger avec connaissance de cause.

Dans les espèces minérale et végétale, la nature produit des substances salutaires et, à côté d'elle, des poisons plus ou moins violents. — Dans l'espèce animale, elle produit également des êtres bons, doux, paisibles, et des êtres dangereux, souvent féroces. Il en est absolument de même dans l'espèce humaine, il naît des bons et à côté d'eux, des méchants, des êtres portés au bien et d'autres poussés vers le mal. La nature l'a voulu ainsi; pourquoi? Vous ne le saurez jamais.... votre organisation bornée vous permet seulement d'apprécier les faits, mais vous ne connaîtrez jamais les causes premières.

La nature a doué tous les êtres vivants de l'instinct de conservation; cet instinct se remarque même dans les plantes. — L'animal fort, oppose la force à la force et cherche sa conservation dans la victoire: — le faible la trouve dans la fuite. L'homme vivant dans une société régie par des lois, doit être protégé par ces lois. Or, s'il est reconnu que l'instinct du meurtre est ou peut être héréditaire, il est certain, sinon très-probable, que le repris de justice qui a perpétré un assassinat, en commettra d'autres ultérieurement. Alors, cette protection que la loi doit accorder à l'être faible, à l'honnête homme contre le scélérat, est imparfaite, impuissante, illusoire.

Une autre argumentation :

Avez-vous le droit d'arracher, de détruire les plantes parasites qui nuisent à vos fruits à vos moissons ?

Avez-vous le droit de détruire les insectes qui vous tourmentent? — Les reptiles venimeux qui distillent la mort? — Les carnassiers affamés qui dévorent vos troupeaux et vous dévoreraient vous-même?

Avez-vous le droit de retrancher de votre corps, la portion gangrénée, pourrie; l'organe en décomposition, le membre frappé de mort?

Enfin, si nous avons le droit de préserver notre vie de tous les agents qui tendent à la détruire, n'est-il pas illogique d'avancer que ce droit cesse d'exister, lorsqu'il s'agit d'anéantir un meurtrier, un assassin par organisation héréditaire?... Un assassin qui, condamné à la prison ou au bagne, s'en échappera pour assassiner encore!... N'est-on pas tous les jours témoin de ces horribles récidives?.... ces monstres avaient, cependant, le bénéfice des circonstances atténuantes... Ils ont prouvé, par de nouveaux assassinats, s'ils en étaient dignes...

Nous pensons que les hommes éclairés qui sont pour le maintien de la peine de mort, ont pour eux la raison physiologique; et que ceux qui sont pour l'abolition, assument la lourde responsabilité des assassinats ultérieurs, que pourront commettre les meurtriers par transmission héréditaire.

Si, dans notre société, le devoir du père de famille est de veiller à la conservation et à la moralité des siens; le devoir stricte, absolu du législateur est de veiller à la sécurité des citoyens et, par conséquent, de les protéger contre la férocité des meurtriers.

Notre conclusion est celle-ci : Avant de rayer de notre code, la peine de mort, il serait nécessaire, ce nous semble, que les prôneurs de l'abolition suivissent, pendant quelque temps, un cours de phrénologie; ce cours, sans nul doute, modifierait leur manière d'envisager la grave question de la peine capitale.

SECTION IV

HÉRÉDITÉ MENTALE

C'est la transmission des qualités de l'esprit ou facultés intellectuelles. Si l'hérédité physi que est admise, sans conteste, il est logique d'admettre l'hérédité mentale, puisque celle-ci provient directement du cerveau. En effet, pour parler le langage physiologique, nous dirons que les facultés intellectuelles ou l'esprit étant le résultat des fonctions du cerveau, la conformation et la composition matérielle de cet organe doit se transmettre héréditairement, tout aussi bien que celles des autres organes du corps. Cependant, cette sorte d'hérédité a été attaquée par plusieurs physiologistes et médecins distingués; mais d'autres physiologistes non moins savants, ont répondu à ces attaques, en leur prouvant, par des faits et des arguments irréfutables, qu'ils s'étaient fourvoyés dans un dédale psychique.

Les adversaires de l'hérédité mentale citent de nombreux exemples, de parents renommés par leur bonté, leur générosité, leur esprit, leur vaste intelligence, qui n'ont donné le jour qu'à des êtres fort médiocres, hargneux, avares ou à des monstres qui ont été la honte de l'humanité. Ces oppositions des bons aux mauvais instincts, disent-ils, sont frappants dans plusieurs personnages historiques : par exemple entre Vespasien et son fils; — entre Titus et Domitien; — entre Marc-Aurèle et l'infame Commode, son fils; etc., etc.

Les défenseurs de l'hérédité intellectuelle répondent à leurs adversaires :

L'hérédité intellectuelle n'offre point une régularité mathématique, elle est sujette, au contraire, à de nombreuses irrégularités, à des bizarreries dont les causes nous sont inconnues, de même que celles de tant de phénomènes qui se renouvellent incessamment autour de nous. Mais, ces irrégularités, ces bizarreries ne détruisent point la règle; il est plus naturel que des procréateurs intelligents donnent le jour à des enfants semblables à eux, qu'à des enfants ineptes; si le contraire a lieu, ce sont des exceptions, des irrégularités, provenant d'une fécondation mauvaise, et qui ne sauraient battre en brèche les lois de l'hérédité.

2° Puisqu'il est admis que l'hérédité marche en ligne directe de la mère au fils et du père à la fille; les empereurs romains, cités plus haut par les adversaires de l'hérédité sont une preuve contre leur théorie. — Titus et Marc-Aurèle avaient hérité de leurs mères des excellentes qualités qui firent leur gloire. — Les monstres portant les noms de Néron, d'Héliogabale et de Commode, étaient issus de mères dont les déportements faisaient présager les débauches, la perversité et les crimes de leurs fils.

Un savant distingué, un praticien éclairé par de nombreuses expériences sur la *Génération*, M. Girou de Buzareingues, a compulsé l'histoire ancienne et moderne pour en extraire les faits relatifs aux transmissions héréditaires d'un sexe au sexe opposé. Voici le relevé de ses laborieuses recherches.

PYTHAGORE laissa quatre enfants, trois garçons et une fille nommée *Damo;* la fille seule hérita de la haute intelligence de son père qui lui confia ses écrits.

CLÉOBULE de Rhodes, un des sept sages de la Grèce, transmit à sa fille *Cléobulie* son savoir et sa sagesse.

ARISTIPPE de Cyrène, eut un disciple célèbre dans sa fille *Arété.*

ANTIPATER, l'un des plus fins politiques de son temps, s'éclairait aux lumières de *Phila,* sa fille, dans les affaires difficiles.

PLATON descendait de Solon par les femmes.

HORTENSIA, fille du célèbre orateur *Hortensius* plaida et gagna la cause des dames romaines devant les triumvirs.

TULLIE possédait l'éloquence de son père *Cicéron.*

CORNÉLIE et PORCIE reçurent de leur père l'éminent patriotisme et la grande âme qui les rendirent célèbres.

Le salace TIBÈRE et le cruel CALIGULA tenaient de leurs mères. — L'infâme et sanguinaire NÉRON avait hérité de vices de sa mère *Agrippine.* — FAUSTINE avait transmis ses penchants orduriers à son fils COMMODE.

SŒMIE, l'émule de Messaline par ses dissolutions engendra HÉLIOGABALE. Ce misérable, après avoir violé une Vestale, se déclara femme, épousa un de ses officiers et un de ses esclaves.

Abubeker, premier kalife et successeur de Mahomet, rédigea l'*alcoran*, en collaboration avec sa fille *Fatmé*.

Le fameux Tamerlan descendait de Gengis-Kan, par les femmes.

Charlemagne fermait les yeux sur les désordres de ses filles, parce que leurs vices étaient les mêmes que les siens.

Charles-le-mauvais avait hérité du caractère de sa mère.

Jean-sans-Peur, duc de Bourgogne fut impérieux et fier comme Marguerite de Brabant sa mère,

Louis XI tenait de sa mère le goût des pélerinages et des dévotions superstitieuses.

Charles-le-Téméraire ressemblait à sa mère au physique et au moral; il était soupçonneux, caché, méfiant; défauts qui contrastait avec la franche loyauté de *Philippe-le-Bon*, son père.

Catherine de Médicis, mère de *Charles IX* et de *Henri III*, conçut et prépara la Saint-Barthélemy. — *Charles IX* arquebusa les protestants, et *Henri III* fit assassiner les ducs de *Guise*.

Marguerite de Valois rappela par ses galanteries, celles de l'amant de *Diane de Poitiers*.

Éléonore, reine de Navarre, fut aussi ambitieuse que *Jean II*, son père.

Catherine, fille de Gaston, tué dans un tournoi

et mère de *Henri II*, disait à son époux : « *Don*
» *Jean*, si nous fussions nés, vous Catherine, et
» moi Don Jean, nous n'aurions jamais perdu la
» Navarre. »

HENRI II hérita de l'énergie de sa mère. C'était de lui que *Charles-Quint*, après avoir traversé la France, disait : — « Je n'y ai rencontré qu'un seul homme.

JEANNE D'ALBRET, fille de *Henri II*, avait l'esprit puissant aux grandes affaires et le cœur à l'épreuve des plus grandes adversités. Elle fut mère du meilleur des rois, le vaillant *Henri IV*.

LOUIS XIII et *Gaston* furent presque tout semblables à *Marie de Médicis*, tandis qu'*Henriette* de France, digne fille du bon et loyal *Henri IV* se fit remarquer par son dévouement envers l'infortuné *Charles Ier* d'Angleterre.

On aime à retrouver dans *Charles II* une parfaite ressemblance avec son aïeule maternelle ; même clémence, même tournure d'esprit, même galanterie.

LOUIS XIV avait hérité d'*Anne d'Autriche* et de son orgueil et de son despotisme. Le goût du prisonnier au *Masque de fer* pour le beau linge, ajoute à la croyance qu'il était fils de cette reine orgueilleuse, pour laquelle il n'y eut jamais de linge assez fin.

Le RÉGENT avait l'originalité d'esprit de sa mère. Les mœurs de la *duchesse de Berri* sa fille, furent aussi dissipées que les siennes.

DON PEDRO, dit *le cruel*, consomma son premier

crime à l'instigation de sa mère, qui exigea de lui le sacrifice de Léonore de Guzman.

HENRI IV d'Angleterre, prince débonnaire et d'intelligence bornée ressemblait à sa mère.

HENRI VIII fit mourir sur l'échafaud deux de ses épouses. Son fils *Édouard* avait un caractère doux et craintif; tandis que ses deux filles, Marie et Élisabeth, furent aussi cruelles que leur père.

La mère de CROMWEL était dure et sombre; elle lui donna son caractère. Les deux fils de cet usurpateur furent doux et humains comme celle qui leur avait donnée le jour; tandis que ses deux filles, surtout l'aînée, était le portrait de leur père.

SAINT-JUST, ce républicain convaincu, devait le jour à une mère enthousiaste qui déclamait de mémoire, les plus beaux morceaux de la tragédie de *Cinna*.

ROBESPIERRE, dont le nom seul glaçait d'effroi, et dont la vie intime était contradictoire à ses sanglantes proscriptions, était fils d'une femme de haute intelligence qui lisait et commentait le contrat social de J.-J. Rousseau.

Nous nous bornons à ces citations qu'il serait facile de multiplier.

§ X

L'hérédité intellectuelle se manifeste sous toutes les formes, jugement, mémoire, sciences, arts, poésie, enfin toutes les facultés, toutes les aptitudes particulières. Le célèbre phrénologiste Spurzheim a constaté que certaines facultés dominaient dans des familles entières. — L'art oratoire se transmettait chez les Hortensius, et les Lélius. — Le génie de la politique, héréditaire dans les familles des Médicis et des Pitt, prenait sa source chez les femmes. — La famille d'Eschyle comptait huit poëtes tragiques. — Le Tasse descendait d'une famille de poëtes. — La science, chez les anciens, fut personnifiée dans Pythagore et Aristote; — la sculpture dans Phydias; — la peinture dans Appelles; — la musique dans Linus, tous hommes de génie, issus de mères remarquables par leur intelligence. — Chez les modernes, Canova, Thorwaldsen, Horace Vernet, Mozart, etc., comptaient beaucoup d'artistes dans leurs familles.

Le développement héréditaire des hautes facultés mentales, chez beaucoup de fondateurs de race, est un fait historique lié à une circonstance fort singulière. On a observé que ce développement ascensionnel s'arrête presque toujours à la troisième génération; il se continue rarement à la quatrième et ne dépasse jamais la cinquième. La race des Pépin nous présente ce dernier terme : Pépin de Landen; — Pépin d'Héristal; — Charles Martel; — Pépin-le-Bref, et, enfin, Charlemagne. C'est la seule dynastie qui offre ces cinq degrés.

Le génie est propre à l'individu et ne se transmet point. Beaucoup de grands hommes commencent et finissent la gloire de leurs familles. La nature tend partout à l'harmonie; après un suprême effort en faveur de l'être privilégié d'une famille, elle reprend sa marche ordinaire; le génie s'éteint dans cette famille, à laquelle il ne reste plus que la gloire de ses ancêtres; mais pendant que les races s'abâtardissent, il en surgit de nouvelles pour rétablir l'équilibre dans le milieu social.

Avant de terminer cet article, nous ferons observer que les fils de pères de haute intelligence qui ont laissé sur leur passage un sillon lumineux dans les arts ou les sciences; ces fils peuvent être et sont souvent forts intelligents; mais, écrasés par la célébrité de leurs pères, ils vivent sans laisser de traces. Une sorte de fatalité, commune à ces fils d'êtres privilégiés, dit le docteur Prosper Lucas, veut qu'on ne les regarde que du haut de leurs pères.

On pourrait expliquer, par l'influence de l'âge, pourquoi les hommes de talents supérieurs transmettent si rarement leurs éminentes qualités à leur progéniture mâle. En général ces hommes, peu favorisés de la fortune, se livrent, pendant leur jeunesse aux travaux opiniâtres de la pensée afin de parvenir. Ce n'est qu'après être arrivés à la célébrité ou à la fortune qu'ils se marient; mais alors, le système nerveux est épuisé, le corps usé par la contention d'esprit et les veilles prolongées; d'où il résulte une moins grande vitalité des zoospermes et forcément une fécondation moins riche.

SECTION V

HÉRÉDITÉ DE L'ALIÉNATION MENTALE

L'aliénation mentale est une des graves questions de la physiologie pathologique; mais, c'est surtout depuis le commencement de notre siècle que plusieurs médecins-aliénistes ont consacré leur vie à l'étude et au traitement de cette déplorable altération des fonctions du cerveau, sans hélas! obtenir des résultats complets... Honneur à eux! au nom de l'humanité, pour la tâche difficile qu'ils ont entreprise et pour leurs savants travaux.

L'hérédité de l'aliénation mentale est un fait malheureusement trop avéré; l'aliénation s'attache à certaines familles et les poursuit pendant plusieurs générations, quoiqu'on fasse pour l'arrêter. Il est des familles où ce fléau n'atteint qu'un des membres; il en est d'autres où il frappe plusieurs victimes et quelquefois la famille entière. L'aliénation revêt presque toujours le même type chez les descendants : le père ou la mère sont-ils atteints de monomanie telle que celle du meurtre, du suicide, de l'ébriomanie, de l'érotomanie, etc., les enfants, ou du moins quelques-uns, hériteront des affreux penchants de leurs procréateurs. C'est fort triste à révéler, mais c'est l'exacte vérité.

L'aliénation mentale dépend-elle d'une lésion appréciable du cerveau, ou bien n'est-elle qu'une modification inconnue de cet organe? Ces deux opinions comptent également un grand nombre de savants pour les défendre. — Nous nous rangeons à l'opinion des premiers, sauf une légère différence. Selon nous, l'aliénation mentale dépend d'un dérangement dans la direction normale des fibres du cerveau, qui produit nécessairement un désordre dans les fonctions régulières de cet organe; la cause de ce dérangement peut être physique ou morale. Que l'on donne le nom de lésion, de modification appréciable ou non appréciable à ce dérangement, toujours est-il que le cerveau ne fonctionne plus normalement. Telle est, croyons-nous, la cause de l'aliénation mentale.

Les formes sous lesquelles se manifeste l'aliénation mentale sont très-variées et les degrés qu'elle parcourt le sont également. Depuis la simple hallucination éphémère jusqu'à la démence la plus complète, on distingue une foule de nuances plus ou moins tranchées dont nous ne relaterons que les principales.

L'hallucination simple ou du premier degré, ne doit pas être comprise dans la question qui nous occupe ; elle dépend d'un mouvement nerveux insolite, d'une sensation de très-courte durée, sans stimulus extérieur et s'évanouissant aussitôt.

Les hallucinations des deuxième et troisième degrés se rattachent plus ou moins à l'aliénation (1) selon leur durée et leur périodicité. Ainsi les visionnaires, les extatiques, les illuminés, etc., qui croient aux apparitions d'êtres fantastiques, aux voix intérieures, aux esprits, etc., éprouvent des perturbations dans les fonctions cérébrales et sensorielles. Lorsque ces perturbations, d'abord périodiques, revêtent, plus tard, le type continu, il y a imminence d'aliénation prochaine... Bientôt la folie se déclare, creuse de profondes racines et, hormis quelques rares exceptions, accompagnent, hélas l'individu jusqu'à la tombe.

Les hallucinations peuvent affecter un ou plusieurs sens ; les exemples d'hallucinations de tous les sens à la fois se rencontrent rarement. Nous renvoyons le lecteur à notre ouvrage sur *l'Hygiène des douleurs et des sens*, où sont relatés de

---

(1) Les *Mystères du sommeil* exposent aux yeux du lecteur les étranges phénomènes qu'enfante une imagination exaltée par les mythes anciens et modernes. Voyez cet ouvrage. (Chez Dentu, libraire, Palais-Royal, Paris).

très-curieuses observations sur l'exaltation cérébrale et les hallucinations sensorielles.

§ XI

D'après les *manigraphes* les plus autorisés, l'aliénation mentale, offre diverses manies et monomanies dont les principales sont :

La *démonomanie* qui, pendant si longtemps, promena ses ravages sur toute l'Europe; qui inventa les tortures et alluma les bûchers de l'inquisition; la démonomanie, cette atroce folie, inconnue aux anciens, qui fit tant de victimes, et dans chaque prêtre trouva un bourreau!... non-seulement devint héréditaire, mais envahit tous les pays catholiques, sous la forme d'une épouvantable épidémie.

§ XII

La *dypsomanie* ou *ivrognerie* se transmet, de même que tous les vices; elle est endémique en certains pays où l'on fait abus des liqueurs fortes; l'Angleterre et la Russie seraient particulièrement affligées de ce défaut. Dans plusieurs localités de France, réputées par leurs vignobles, l'ivrognerie est assez commune. L'hérédité de l'ivrognerie s'observe communément parmi la classe ouvrière ignorante, et qu'on devrait moraliser par une saine instruction; car, n'en doutez pas, les dérèglements, la misère dans les familles d'ouvriers; les brutalités, les sévices envers la femme et les enfants; d'autres vices encore, ont leur point de départ dans l'ivrognerie. Bientôt on en vient aux rixes sanglantes, féroces; au guet-à-pens, au meurtre..... Et ce vice affreux loin de se restreindre, gagne, se propage incessamment dans les grandes villes, surtout dans les capitales. Une loi contre cette passion abrutissante qui souvent rend l'homme dangereux par ses fureurs, eût été un moyen moralisateur, un bienfait pour l'ivrogne et la société; il en a été récemment question au Sénat; mais hélas! les sénateurs ont pensé qu'ils avaient à s'occuper de choses plus graves.....

§ XIII

La monomanie homicide n'échappe point à la loi de l'hérédité physiologique. Les assassins célèbres dans les fastes du crime, appartenaient à des familles où le meurtre était un besoin : les Papavoine, les Lacenaires, dont nous répétons les noms; les Pierre Rivière, l'assassin du professeur Delpech, de Montpellier, et tant d'autres scélérats que les bagnes vomissent dans la société, en sont de terribles exemples.

On cite bon nombre de mères et de nourrices, dans le cerveau desquelles surgit tout à coup, l'horrible envie de tuer leurs nourrissons. — Les unes consommèrent l'infanticide; — les autres en furent empêchées par diverses circonstances; — quelques-unes, seulement, chez qui la monomanie homicide n'était pas héréditaire, s'enfuirent, épouvantées, loin de leurs nourrissons, et ne revinrent, près d'eux, que lorsque l'instinct maternel reprenant le dessus, chassa de leur cerveau, cet effroyable accès de monomanie... Dans les siècles d'ignorance qui ne sont pas très-loin de nous, on aurait pris ces malheureuses pour des *possédées* et on les eût traitées comme telles...

§ XIV

Monomanie du suicide

« On a vu des familles entières s'éteindre par le suicide, comme on a vu des familles entières devenir aliénées » a écrit le docteur Esquirol. — Les manigraphes et tous les auteurs qui ont traité cette grave question, affirment l'hérédité de cette monomanie, qui est d'autant plus incurable qu'elle date de loin, chez les ascendants.

Le docteur Fabret rapporte cette observation saisissante : « Le père de six enfants, une fille et cinq garçons, homme taciturne, termina sa vie par le suicide, vers l'âge de 60 ans. Son fils aîné, âgé de 36 ans, se précipite, sans motif, d'un quatrième étage; — le second, s'étrangle à 33 ans; — le troisième, se jette d'un toît dans la rue, en exécutant des mouvements pour voler; — le quatrième, se brûle la cervelle avec un pistolet; — le cinquième, se noie dans la rivière pour une cause futile. La fille qui avait survécu à tous ces suicides, en termine la série, en s'empoisonnant. »

§ XV

Erotomanie ou fureur génitale

L'érotomanie est une des passions les plus transmissibles par voie héréditaire. Il est fort rare que les parents érotomanes de l'un ou de l'autre sexe, ne transmettent point leur passion à quelques-uns des êtres qu'ils engendrent. L'érotisme, arrivé à l'état de fureur, absorbe toutes les facultés de l'individu et ne laisse dans son cerveau qu'une seule pensée, qu'un seul désir : l'acte génital!... Il cherche toutes les occasions, tous les moyens de l'accomplir, et ne vit, désormais, que pour satisfaire cette funeste passion.

La fureur génitale est plus intense chez la femme que chez l'homme; les excès de la nymphomane l'emportent de beaucoup sur ceux du satyre. L'une est toujours apte à consommer l'acte, tandis que l'autre se trouve impuissant, après quelques éjaculations. — L'appareil génital féminin étant plus compliqué, plus étendu que celui de l'homme, la nymphomane éprouve le tressaillement voluptueux sur une plus grande surface. En effet, du clitoris le spasme vénérien s'irradie sur les petites lèvres et les glandes vaginales; puis du vagin il gagne la matrice, atteint les trompes utérines et s'étend quelquefois jusqu'au tissu érectile du mamelon des seins..... Voilà pourquoi la femme érotomane est infatigable, insatiable de sensations génitales.

L'antiquité nous a laissé des exemples saisissants d'érotomanie : les filles de Prœtus, les Bacchantes aux fureurs incroyables; — parmi les courtisanes de Babylone, de Persépolis et de Corinthe, on en cite bon nombre atteintes de cette maladie. — La Rome des Césars nous offre des patriciennes qui acquirent une triste célébrité par leurs ardeurs génitales et leur impudicité. Les Julie, les deux Poppée, Agrippine, Faustine et la fameuse Messaline qui, sous le nom de Lysisca, se prostituait dans les lupanars de Rome, sans pouvoir assouvir sa dégoûtante salacité.

Mais, toutes ces horreurs devaient pâlir devant les monstrueux déportements des Borgia, des Farnèse et autres, dont les fureurs génitales ne connurent point de bornes; hommes, femmes, filles, frères, sœurs de ces exécrables familles se livrèrent à tous les genres de lubricité, de crapules, et commirent tous les crimes : viols, incestes, empoisonnements, assassinats!... les cheveux se dressent; on frissonne d'horreur à la lecture de tant d'abominations.....

§ XVI

Lypémanie ou *hypochondrie* — genre de vésanie, le plus souvent héréditaire, ayant sa cause dans une constitution nerveuse, mélancolique et conduisant à l'ennui de la vie, au suicide... Les hypochondriaques offrent des phénomènes tout-à-fait singuliers (1). — Les uns se croient poursuivis par des ennemis de leur repos; les autres entendent des voix grossières qui leur lancent l'injure. — Ceux-ci sentent des odeurs nauséabondes à les étouffer; ceux-là se croient malades, refusent de manger et n'osent sortir de leur lit. En un mot, chaque lypémaniaque est possédé d'une idée fixe plus ou moins bizarre et quelquefois dangereuse, car elle amène souvent la folie.

La *Gazette des hôpitaux* de 1844 rapporte qu'une lypémaniaque de trente-deux ans, déjà très-amaigrie par son refus d'aliments, fut conduite dans l'établissement du docteur Belhomme. Les prières, les conseils, l'intimidation, rien ne put triompher de son opiniâtreté; elle mourut d'inanition. On sut que le grand-père de cette dame avait été fou, sa mère était folle et

(1) Voyez dans l'*Hygiène des sens* une série de faits historiques des plus étranges, sur les hallucinés et les hypochondriaques.

son fils, âgé de quinze ans, offrait les mêmes symptômes que sa mère.

§ XVII

La démence est une paralysie de l'intelligence; les fonctions du cerveau s'enraient, se dérangent : la mémoire s'affaiblit, le jugement se perd et l'individu tombe dans cet état d'incertitude d'inertie cérébrale qui le rend impropre à se diriger dans les actes de la vie.

Les observations des manigraphes tendent à conclure que la démence des ascendants se retrouve presque toujours chez les descendants.

§ XVIII

L'idiotie peut être considérée comme un arrêt complet des hautes facultés cérébrales; elle est héréditaire et incurable. L'imbécillité qui n'est qu'une forme de l'idiotisme, arrive au degré de la bestialité chez les crétins.

Les désirs vénériens sont très-vifs, chez les idiots et les imbéciles; ils se livrent fréquemment à l'acte sexuel et sont malheureusement d'une fécondité désolante.

§ XIX

CONCLUSION

DU CHAPITRE SUR L'HÉRÉDITÉ

La ressemblance soit morale soit physique n'est jamais compléte, jamais absolue. La première s'observe sur une ou plusieurs facultés, sur un ou plusieurs penchants; — la seconde n'a lieu que sur une ou plusieurs parties du corps, très-rarement sur la totalité.

L'hérédité n'est jamais constante; elle offre, au contraire, des lacunes et des suspensions. Les lacunes apparentes ne sont que des déplacements, c'est-à-dire le saut d'une génération à une autre, laissant entre elles une génération intermédiaire, exemple : Mlle T*** ressemble ni à son père ni à sa mère, mais elle est le portrait vivant de son grand-père.

Les suspensions de l'hérédité dépendent des mutations dans l'action des procréateurs, c'est-à-dire d'une substitution de l'action de l'un des procréateurs à l'action de l'autre, dans la même partie ou le même organe de l'être procréé... — Exemple :

Le père est myope, la mère ne l'est pas; ils ont engendré cinq enfants, deux sont atteints de myopie, les trois autres ne le sont point. — La mère est phthisique, le père ne l'est pas; ils ont procréé quatre enfants ; deux ont hérité de la maladie de la mère, les deux autres en sont complétement exempts.

Dans ces deux cas, la lacune de l'hérédité n'est strictement que le remplacement de l'un des procréateurs par l'autre.

SECTION VI

TRAITEMENT RATIONNEL

DES VICES ET MALADIES HÉRÉDITAIRES

Le traitement de l'hérédité morbide se résume en deux séries de moyens.

La première série embrasse tous les moyens préservatifs, les plus propres à s'opposer au transport séminal de la maladie ou des vices de conformation.

La seconde série comprend toutes les mesures reconnues efficaces pour combattre et détruire les maladies ou vices héréditaires déjà transmis.

Dans la première série, figurent le choix des sujets, le temps et les lieux.

Tempéraments. — Nous répéterons ici ce que nous avons déjà dit au chapitre *Calligénésie;* le choix des personnes à marier doit, autant que possible, se faire parmi les sujets de tempéraments opposés, c'est-à-dire unir le sanguin ou le bilieux au lymphatique, le nerveux au sanguin, par la raison que deux tempéraments semblables ne donnent pas d'aussi beaux fruits que les tempéraments opposés. Les mariages consanguins ont été et sont encore proscrits, chez tous les peuples civilisés ; ils abâtardissent la race.

Age. — La période de la vie la plus favorable à une belle et vigoureuse progéniture, est de 25 à 40 ans pour l'homme, et de 20 à 35 pour la femme.

Temps. — Il n'est pas indifférent de se livrer à la procréation à tel ou tel moment du jour, à telle époque du mois. On doit choisir l'heure où le corps est exempt de fatigues et l'esprit de soucis, l'heure où les désirs naissent et annoncent le besoin du rapprochement. — Si l'un des conjoints est atteint d'une maladie à type périodique, tels que fièvre intermittente, migraine, rhumatisme, goutte, hystérie, épilepsie ou autres névropathies, le rapprochement sexuel est strictement défendu pendant la durée des accès, et jusqu'au jour où le corps a retrouvé le calme et la santé.

Lieux. — Les lieux où s'opère la fécondation, doivent être bien aérés, ni trop chauds ni trop froids, et exempts de tous gaz, de toute mauvaise odeur qui puisse altérer la pureté de l'air. Personne n'ignore la bienfaisante influence de l'air pur sur la formation du sang, et par conséquent sur la santé. C'est pourquoi les enfants conçus dans les maisons propres, spacieuses, exposées au levant, et surtout à la campagne, sont de plus belle venue que les enfants conçus dans des quartiers et des maisons insalubres.

Les règles que nous venons d'indiquer pour les lieux, sont plus impérieuses encore, lorsqu'il s'agit de combattre un mal héréditaire qui remonte à plusieurs ascendants. Le changement de lieux et quelquefois de climat devient une nécessité. Néanmoins, il existe de telles bizarreries dans la distribution géographique des lieux, qu'il est bon de les indiquer. Ainsi, il n'est pas toujours nécessaire de s'éloigner à une distance considérable du pays qu'on habite, pour agir contre l'hérédité, il suffit souvent d'une mutation de ville ou de village, d'un changement de quartier, de rue et de maison, pour obtenir le succès, qu'on désire.

Recommandation essentielle. — Lorsque la maladie provient de source maternelle, il est indispensable d'interdire à la mère de nourrir son enfant, car son lait ne peut que favoriser le développement du mal dont il charrie le germe.

---

§ XX

Traitement de la maladie transmise à l'enfant

Lorsque la force de l'hérédité a triomphé des moyens sus-mentionnés, il ne faut pas encore désespérer de la guérison. Un grand nombre de médecins praticiens assurent avoir obtenu de très-remarquables succès, par un traitement méthodique longtemps soutenu, et surtout par le régime alimentaire, par la gymnastique spéciale, par l'éloignement de toutes les causes qui peuvent entretenir la maladie; enfin, par un traitement général indiqué dans les ouvrages des médecins qui se sont exclusivement occupés de cette très-importante question. Tels sont les derniers moyens à diriger contre l'hérédité morbide pour la combattre victorieusement.

CHAPITRE XVIII

ORTHOPÉDIE — CALLIPLASTIE

Ces deux mots techniques, formés de deux mots grecs, signifient, le premier :

Art de redresser les vices de formes, les déviations de la charpente osseuse, chez les enfants. Le second terme :

Art de modeler les belles formes; c'est-à-dire, de remplacer les formes disgracieuses par des formes agréables.

L'art orthopédique est sérieusement cultivé par d'habiles médecins qui lui ont fait faire de grands progrès. Il existe aujourd'hui dans la plupart des grandes villes de France, des établissements orthopédiques où l'on obtient d'immenses résultats.

L'*art calliplastique*, très-cultivé, chez les anciens, est, de nos jours, tombé dans l'oubli. Cependant, nous devons dire que quelques médecins orthopédistes ajoutent cet art au premier, et opèrent, par fois, de miraculeuses métamorphoses. Il serait à désirer que la *calliplastie* fût remise en honneur; l'on verrait dans nos villes, moins de laideur et plus de beauté.

§ 1

Surveillance orthopédique de la mère

Pendant les premières années qui suivent la naissance, le corps du petit être est, en partie, gélatineux; les os sont mous, flexibles; les articulations peu solides; ses muscles à peine formés et les tissus gorgés de sucs; tout est malléable dans ce faible corps qui commence à se développer. Il est, alors, facile de combattre et de redresser les difformités héréditaires ou acquises.

Une mère intelligente doit visiter, chaque jour, son enfant, afin de s'assurer si sa croissance marche régulièrement, si la tête, le tronc et les membres gardent leur direction normale; si les organes des sens ne présentent rien de défectueux? Si tout va bien, elle continue à l'élever, comme il est dit au paragraphe 2, du chapitre 13, si, au contraire, elle s'aperçoit de quelque tendance à une direction vicieuse du tronc ou des membres; soit au développement excessif d'une partie du corps, au détriment d'une autre partie; soit à un arrêt de développement; elle doit aussitôt recourir aux lumières et à l'expérience d'un médecin orthopédiste. En négligeant de le faire, elle manque à ses devoirs de mère et se prépare le poignant remords d'avoir procréé un être difforme qui l'accusera, un jour, des amertumes de son existence.

Nous ne décrirons que très-succinctement, dans ce chapitre, les vices de direction et de conformation héréditaires ou acquis, que peuvent offrir les enfants en bas âge, par le motif que cette question a été traitée, avec détails, dans plusieurs de nos ouvrages (1), auxquels, le cas échéant, nous renvoyons le lecteur.

SECTION I

ORTHOPÉDIE - CALLIPLASTIQUE

APPLIQUÉE AU CRANE ET AU VISAGE

Tête

La tête comprend le crâne ou boite osseuse, le cuir chevelu, le visage et les divers organes qui le composent.

---

(1) Hygiène de la beauté humaine dans ses lignes, ses formes et sa couleur.

Hygiène des pieds et des mains, de la poitrine et de la taille.

Hygiène des cheveux et du système pileux.

Hygiène du visage et de la peau, ouvrage utile aux dames.

Hygiène des organes des sens et des douleurs.

Hygiène des organes vocaux.

Le crâne renferme le cerveau, siége des facultés intellectuelles. Les sept pièces osseuses dont la réunion forme le crâne ne sont pas entièrement ossifiées chez l'enfant; la soudure de ces pièces n'a lieu que plus tard.

La malléabilité des os du crâne des nouveau-nés est souvent une cause de déformation; car le moindre choc, la pression la plus légère, si elle est continue, peut altérer la conformation naturelle de la tête, et nuire au libre développement de tel ou tel organe du cerveau.

La meilleure méthode à suivre, pour protéger la tête du jeune enfant, est le bonnet à trois pièces qui se moule exactement sur le crâne sans nullement le gêner. — Le bourrelet en paille ou en caoutchouc est un excellent moyen de protéger la tête de l'enfant qui commence à marcher; ses chutes étant fréquentes, il est prudent de prévenir les accidents.

Les déformations du crâne, chez les nouveau-nés, ne doivent jamais être traitées par la compression mécanique continue. — Lorsqu'une déformation en saillie se manifeste à la partie postérieure de la tête, sur l'os occipital, le seul moyen à employer est de coucher l'enfant sur le dos, la partie postérieure de la tête appuyée sur un oreiller de crins. Le poids de la tête et la molle résistance qu'oppose l'oreiller suffisent assez souvent, pour empêcher le développement ultérieur de la difformité.

Lorsqu'une déformation semblable se présente sur les parties latérales de la tête; même indication de coucher l'enfant sur le côté en saillie. — Dans les déformations du front et du sommet de la tête, on garnit le bonnet de l'enfant d'un renfort de linge fin, plié en plusieurs doubles, de façon à opposer une légère résistance à la saillie frontale ou sinccipitale. A ce premier âge de la vie, tout autre traitement serait dangereux.

On ne doit jamais laver la tête des nouveau-nés à l'eau froide. Le meilleur moyen d'enlever la couche de *meconium*, provenant des eaux de l'*amnios*, qui, chez quelques enfants, forme une crasse très-adhérente à la peau, est d'oindre le cuir chevelu, le matin et le soir, avec un corps gras frais, de l'huile ou du cérat frais. Au bout de quelques jours, cette crasse disparaît en la frottant avec un linge. — Les éruptions de petits boutons cèdent facilement aux décoctions émollientes de racines de guimauve, de violettes, de bouillon-blanc ou de tout autre adoucissant; mais, toujours tièdes et jamais froides.

Nous ferons encore observer, ici, aux femmes enceintes, que la belle et bonne conformation de leurs fruits, dépend de leur conduite, de leur manière de se vêtir et de vivre, pendant leur grossesse. — La femme enceinte doit savoir que son fœtus, croissant et se développant chaque jour, il est nécessaire que la capacité de la matrice se prête aux évolutions fœtales. Elle sait aussi que son ventre grossit, que la peau qui le recouvre prête et se distend à mesure que la matrice augmente de volume. Or, dans cet état, la compression exercée par un corset ou une ceinture, un vêtement trop serré, doit nécessairement mettre obstacle à l'extension de la cavité abdominale et contrarier le travail de la grossesse. Il arrive alors, que le fœtus éprouve une gêne d'autant plus grande, que l'obstacle résiste d'avantage, et qui se traduit, à sa naissance, par un vice de conformation, ou par un arrêt de développement de l'organe gêné, et quelquefois par une monstruosité.

Le devoir de toute femme enceinte, est donc de proscrire tout vêtement étroit, ligaturé ou trop lourd, et de suivre le régime et la conduite tracée au chap. 11, de cet ouvrage.

§ 11

Le Visage

Le visage est la partie de la tête la plus animée, la plus expressive; celle sur laquelle les yeux d'autrui s'arrêtent d'abord, avant d'examiner les autres parties du corps. Le visage réunit tous les sens et exprime les diverses situations du cœur et de l'âme; c'est une toile vivante sur laquelle viennent se peindre nos sentiments et nos passions.

Le visage se compose de divers traits et organes possédant chacun une fonction et des charmes qui leur sont propres. De l'ensemble harmonieux de ces traits et organes, naît la BEAUTÉ que tout le monde admire. Donc, un beau visage est une précieuse qualité; c'est pourquoi, les femmes ont raison de cultiver cette fleur si fragile; de demander à l'hygiène les moyens de la conserver, et à la *calliplastie,* les procédés pour détruire ou, du moins, atténuer les imperfections du visage (1).

§ III

Le Front

Les fronts bas ou dégarnis et fuyants; les fronts offrant des saillies ou des creux et des dépressions, peuvent être modifiés en mieux. — Les fronts bas au moyen d'une dépilation graduelle et longtemps continuée. — Les fronts dégarnis au moyen de frictions avec une pommade excitante, la *trikogène.* — Les saillies du front s'aplanissent peu à peu sous une pression légère mais continue, à l'aide d'un bonnet et d'un chapeau compresseur ou d'un bandage. — Pour les fronts déprimés, la pression devra être exercée

(1) Voyez à ce sujet *l'Hygiène du visage et de la peau,* cinquième édition, chez DENTU, Palais-Royal, à Paris.

à la partie postérieure du crâne et sur les tempes.

§ IV

Les Yeux

Les yeux sont sujets à de très-nombreuses maladies et imperfections qui ne sauraient trouver place dans cet ouvrage. — Aujourd'hui la pratique de la médecine tendant à se localiser à tel ou tel genre de maladie, on rencontre beaucoup de médecins-occulistes qui font leur spécialité des maladies des yeux. Leur savoir et l'expérience de la plupart d'entre eux inspire la confiance et c'est à eux qu'on doit s'adresser. Relativement aux affections légères des yeux et aux imperfections des cils et des sourcils, voyez notre *Hygiène du visage*, où sont consignés les formules pour guérir les unes et les procédés pour redresser les autres.

Ici nous donnerons quelques conseils aux parents sur certaines défectuosités des yeux et du regard chez les enfants.

§ V

Loucherié — Strabisme

Ce vice, lorsqu'il n'est pas héréditaire, provient le plus souvent du peu d'attention des parents ou des nourrices, de placer le berceau de l'enfant dans un faux jour; c'est-à-dire obliquement à la lumière. L'enfant qui tourne instinctivement les yeux du côté d'où vient le jour, contracte l'habitude de porter ses prunelles dans les coins de l'orbite. Cette direction du globe de l'œil se renouvelant chaque jour et pendant un certain temps, devient la cause occasionnelle de la *loucherie* accidentelle. Une autre cause est la mauvaise habitude qu'ont beaucoup de nourrices d'approcher de côté, c'est-à-dire vers l'angle externe des yeux, un jouet, un objet quelconque pour apaiser les cris de l'enfant. Il importe donc aux parents d'éviter ces deux causes si nuisibles à la rectitude du regard, en surveillant la nourrice et plaçant la couchette de l'enfant, en face de la lumière ou de la croisée par laquelle le jour pénètre dans l'appartement.

§ VI

Le Nez

De tous les traits du visage, le nez est celui qui offre de plus d'irrégularités, et d'imperfections. — La forme du nez grec étant reconnue la plus belle, la plus pure, on rencontre fort peu de nez qui atteignent ce degré de perfection. En effet, pour un nez bien fait, que de milliers de nez affreux!.... Parmi les difformités de cet organe, nous ne citerons que les plus communes : nez trop court ou trop petit; — trop épais ou trop gros; — nez aplati ou épaté; — nez en pied de marmite; — nez crochus; — nez de travers ou tordu; — nez boutonneux; — nez polipeux; — nez fendu; — nez chevalin, etc., etc.

Les nez *trop courts*, de même que les *trop petits* pourront être allongés par des tractions de haut en bas, répétées plusieurs fois par jour et pendant un temps indéterminé, jusqu'au moment où l'on s'aperçoit d'un résultat. — Les frictions, les lotions avec un liquide excitant, amèneront le sang dans les nez avortés et pourront leur faire acquérir un certain volume.

Les nez *trop gros* se modifient par une légère compression établie sur la branche nazale de l'artère faciale; on ajoute, comme auxiliaire, à ce petit traitement, quelques légers purgatifs, composés de sirop de chicorée et d'un peu de rhubarbe. — Les nez *camus*, *aplatis*, *épatés* se corrigent assez souvent par des pincements répétés et des tractions en avant, pendant le jour, et, pince-nez qu'on laisse à demeure pendant la nuit.

Les *nez retroussés* dont les narines regardent en l'air, peuvent être corrigés par les mêmes procédés appliqués aux nez précédents. Mais, il faut le dire, les tractions et les pincements devront être continués pendant des mois entiers et même des années : car, si on les cessait, pen dant quelque temps, la nature reprendrait ses droits.

Les parents qui aborrhent ces nez retroussés, à deux trous toujours béants, dans lesquels l'œil d'autrui plonge désagréablement, les parents devront atténuer cette difformité en pratiquant, sans se décourager, sur le nez de leurs enfants les procédés de pincement et de tractions de haut en bas.

Le *nez chevalin*, affreux nez dont les narines, constamment dilatées, ressemblent à celles d'un cheval hennissant... Cette malheureuse forme annonce la bestialité; lorsqu'elle est héréditaire, point de remède.

Pour les *nez crochus*, les tractions doivent être faites de bas en haut, de manière à relever les ailes et la cloison du nez.

Les *nez de travers ou tordus* se corrigent assez facilement au moyen d'un petit bandage, armé d'un ressort qui tire le nez en sens inverse à sa torsion. Lorsque, chez les adolescents, cette difformité dépend de l'habitude de tirer toujours le nez du même côté, en se mouchant; le meilleur et le plus simple remède est de se moucher avec la main du côté opposé à la torsion. Dans ce cas quelques mois suffisent pour redresser cet organe.

Le *nez pointillé*, nommé ainsi parce qu'il est recouvert d'une peau criblée de petits points noirs ou bruns nommés TANNES, qu'on fait sortir en pinçant la peau entre deux doigts, sous forme de petits vers. Cette imperfection cutanée est facilement détruite par le *trochisque détersif*, contre les *tannes*, indiqué dans l'*Hygiène du visage*.

Les nez *boutonneux*, *polypeux*, *rogneux*, etc., sont du ressort de la médecine et de la chirurgie. C'est à ces deux arts qu'il faut s'adresser pour en opérer la guérison.

§ VII

De la Bouche

La bouche, au repos, doit être fermée; on appelle *bouche béante* celle qui reste toujours ouverte.

Ce défaut reconnait deux causes; — la première et la plus ordinaire provient de l'habitude; — la seconde dépend de l'inflammation ou d'un obstacle dans le conduit des fosses nasales, qui s'oppose à la libre circulation de l'air. — Dans ce dernier cas, le ministère d'un médecin est indispensable pour combattre la maladie ou détruire l'obstacle.

D'une part, les enfants portent, fréquemment leurs doigts ou d'autres objets dans leur bouche; — d'autre part, ils la conservent ouverte, lorsqu'une personne ou une chose frappe leur attention; de telle sorte, que beaucoup d'entre eux, contractent la mauvaise habitude de la tenir toujours béante, même dans les âges suivants, si leurs parents ont négligé de les corriger. — Qui ne sait qu'une bouche toujours béante est un signe de pauvreté d'esprit, d'imbécillité? Or, il est très-regrettable, qu'une personne aimable, intelligente soit affligée de la bouche béante d'un imbécile.

Le seul moyen de détruire cette difformité, causée par une mauvaise habitude, existe dans la vigilance des parents à réprimer ce défaut, en promettant, en donnant des récompenses pour être obéis. — A un âge plus avancé, le remède se trouve dans une attention, de tous les instants, soutenue par une ferme volonté.

§ VIII

Les Lèvres

Ces organes qui concourent non-seulement à la beauté du visage, mais encore à la prononciation des mots, peuvent offrir diverses altérations de forme et de couleur, dont nous ne signalons que les principales.

Le bec-de-lièvre. — Il est accidentel ou congénial. Le premier est le résultat d'une blessure ou d'une plaie contuse et peut se présenter à tous les âges. — Le second est une difformité que l'enfant apporte à sa naissance. — On attribuait autrefois, la cause du bec-de-lièvre à une envie de femme enceinte, ou à une répulsion, à un saisissement provoqué par l'apparition subite de ce petit animal. — Aujourd'hui, la physiologie, plus éclairée, reconnaît dans cette difformité, comme dans toutes les monstruosités fœtales, un arrêt ou une irrégularité du travail embryonaire, pendant les premiers mois de la grossesse. Les deux côtés de la lèvre supérieure (encore à l'état gélatineux) qui doivent, plus tard, former la lèvre, n'ayant pu se souder, il en est résulté la difformité appelée *bec-de-lièvre.*

Cette difformité ne peut se guérir que par une opération chirurgicale, très-peu douloureuse, à la suite de laquelle un bandage contentif est appliqué, pour maintenir l'affrontement des deux bords de la lèvre. L'expérience a constaté que l'opération du bec-de-lièvre ne doit se pratiquer que vers l'âge de trois ou quatre ans; plus tôt, il y aurait danger pour l'enfant.

§ IX

De l'inversion des Lèvres

Ce mot signifie le renversement de la membrane muqueuse buccale, de dedans en dehors; ce qui est fort laid. — Quand un enfant naît avec cette difformité, il faut attendre à la seconde enfance, avant d'essayer les moyens de la détruire, parce que, bien souvent, la nature rétablit les choses à leur place. On doit se borner à fomenter les lèvres avec une décoction de plantes astringentes, et à repousser fréquemment la partie renversée. L'enfant étant plus âgé, on peut appliquer une petite mouche de Milan derrière les oreilles ou à la nuque, et pratiquer une légère excision de la muqueuse labiale interne. La cicatrisation ramène les lèvres à leur position normale.

§ X

Grosses Lèvres

Cette conformation des lèvres ne prévient pas en faveur de la personne qui en est affligée. Les uns prétendent que les grosses lèvres sont un signe d'esprit grossier; d'autres, un indice d'appétits sensuels. Il faut croire qu'il y a de nombreuses exceptions à cette règle physiognomonique.

L'ancienne médecine ordonnait de légers purgatifs à des intervalles rapprochés et des *sialalogues* pour exciter à la salivation. C'était pendant l'enfance qu'on devait appliquer ce traitement, pour réussir; plus tard, tous les efforts devenaient inutiles. — Ici, encore, l'excision d'un petit lambeau de la muqueuse intérieure labiale, peut obtenir un bon résultat.

§ XI

Gerçures des Lèvres

CREVASSES ET AUTRES AFFECTIONS

Les lèvres sont formées d'un tissu érectile fort impressionnable et d'un épiderme très-mince. Le chaud et surtout le froid exercent sur elles une influence très-active : tantôt elles se gercent, se fendent, se crevassent, et tantôt se couvrent de croûtes, de boutons; ces derniers annoncent généralement la terminaison d'une maladie. — Certaines jeunes filles ont les lèvres vermillonnées; certaines autres les ont blafardes et presque inanimées. Les premières appartiennent au tempérament sanguin dans sa vigueur; les secondes sont généralement affligées d'une santé frêle, d'un appauvrissement du sang, de fleurs blanches.

Les gerçures, crevasses, boutons, cèdent facilement à quelques onctions de pommade rosât fraîche et mieux de *crème-neige*. Les lèvres décolorées, blafardes, exigent un traitement intérieur du ressort de la médecine.

On recommande aux personnes, qui ont la peau délicate, de s'onctionner les lèvres et le visage entier, avec la crème-neige, avant de s'exposer au froid de la rue si c'est en hiver, et à la chaleur solaire si c'est en été. Cette simple précaution prévient les gerçures, s'oppose au hâle. conserve la fraicheur et la souplesse de l'organe cutané. En rentrant au logis, après une course au soleil, on essuie le visage avec un linge fin : le hâle reste attaché au linge et la peau a conservé ses fraiches couleurs.

On recommande encore aux jeunes personnes de ne jamais porter à leurs lèvres des objets qui ont été touchés par d'autres. De même pour les pièces de monnaie : il faut se laver les mains après les avoir maniées; car, on a vu des ulcères de mauvaise nature, se déclarer aux lèvres, pour y avoir porté les doigts souillés par ce contact. — Les monnaies d'or, d'argent et surtout celles de bronze passent par tant de mains sales, dégoutantes et souvent imprégnées d'un mucus contagieux qu'il faut bien se garder, après les avoir touchées, de porter ses doigts aux lèvres, aux yeux, au nez et aux oreilles. Beaucoup de maux d'yeux, de dartres, de rognes, de boutons qui apparaissent tout à coup, sur la peau des personnes propres et bien portantes, n'ont pas d'autre origine.

§ XII

Le Menton

La forme délicate et régulière du menton concourt naturellement à la beauté du visage. Le menton exige les mêmes soins, les mêmes attentions qu'on donne aux autres traits. — Les difformités du menton se remarquent dans les irrégularités de forme et de direction : un menton trop carré, trop pointu, projeté en avant ou retiré en arrière sont disgracieux. Ces difformités dépendant de la conformation vicieuse des os de la machoire, sont difficiles à redresser. Néanmoins, l'os maxillaire, encore très-malléable, chez les enfants, permet d'en atténuer les défauts, en pratiquant, plusieurs fois par jour, des tractions, pressions et extensions selon le défaut qu'on veut corriger. — Ainsi, par exemple, pour les mentons rentrés, les tractions se feront d'arrière en avant; — pour les mentons qui dépassent l'angle facial, les pressions se feront d'avant en arrière. Plus tard, on applique de petits bandages dont la pression ou l'extension continue parvient, quelquefois, à rendre la difformité à peine sensible.

§ XIII

Les Oreilles

Les oreilles, de même que le nez, sont les deux organes de la face qui offrent le plus d'irrégularités et de difformités. Les observations de tous les physionomistes ont désormais prouvé que les oreilles bien faites, irréprochables, sont aussi rares que les nez grecs dans toute leur pu-

§ II

Parmi les vieillards, on rencontre des organisations privilégiées sous le rapport de la longévité génitale. On cite plusieurs exemples remarquables, entre autres les maréchaux d'Estrée et de Richelieu, qui se marièrent l'un à 84 ans, l'autre à 91, et se conduisirent gaillardement avec leurs femmes. — Synclair parle d'un fermier anglais qui procréa deux filles à l'âge de 90 et 92 ans. On trouve, épars çà et là, dans les ouvrages de physiologie, plusieurs faits semblables, mais ce sont des exceptions qui n'altèrent nullement la loi commune. Si la nature produit des cas de longévité génitale, elle produit aussi des cas de brièveté. On voit beaucoup d'individus qui, sans être infirmes, sans avoir abusé du coït, sont tombés dans une impuissance complète de 35 à 40 ans. Pourquoi les premiers ont-ils conservé leur virilité si longtemps et les seconds l'ont-ils perdue si vite ? Ce problème n'a pas encore été résolu.

L'abus des voluptés vénériennes est nuisible à la vigueur génitale, sans doute ; mais, on aurait beau être continent, cette vigueur baissera forcément devant l'âge de 60 ans et se perdra vers 70 ans. Les sujets qui franchissent cette limite, tiennent probablement ce privilége d'une transmission héréditaire. C'est en vain que les vieillards dont la virilité s'est éteinte, cherchent dans les aphrodisiaques et les excitants de tous genres les moyens d'imiter les privilégiés, non-seulement ils sont déçus, mais ils hâtent le jour de leur destruction.

plaies sont cicatrisées et les oreilles possèdent leurs lobules.

Les oreilles *trop courtes* peuvent facilement s'allonger, par des tiraillements répétés: mais les longues et larges oreilles, hélas! n'ont pas trouvé jusqu'ici, de remède.

Quant à ces affreuses oreilles qui s'étalent en si grand nombre, les unes aplaties, minces et sans bordure; les autres épaisses mal contournées offrant des éminences, des enfoncements et des ressauts hideux, il faut les cacher... l'art ne possède aucun moyen pour les redresser (1).

---

(1) Voyez l'*Hygiène médicale du visage* où se trouvent les formules et procédés pour conserver la beauté et la restaurer lorsqu'elle a subi des altérations.

CHAPITRE XIX

ORTHOPÉDIE PROPREMENT DITE

DES DIFFORMITÉS

DE LA CHARPENTE HUMAINE

Les déviations par défaut d'antagonisme, les incurvations et difformités dont nous allons donner un aperçu, exigent, le plus souvent, l'emploi de moyens orthopédiques, de bandages mécaniques, d'exercices gymnastiques spéciaux pour obtenir leur guérison. C'est pendant la seconde enfance et l'adolescence que ces moyens doivent être utilisés; car, plus tard, le redressement des difformités serait plus long, plus difficile et même impossible.

SECTION I

DÉVIATIONS DE LA TÊTE

Les déviations de la tête à droite, à gauche, en avant ou en arrière sont généralement causées chez les enfants, par la rétraction de certains muscles du cou et par la faiblesse de certains autres; c'est-à-dire par le défaut d'antagonisme entre les muscles releveurs et les muscles abaisseurs de la tête. — Exemple : — Les muscles abaisseurs étant plus forts que les muscles releveurs, il est évident que la tête restera penchée, jusqu'à ce que les releveurs surpassent en force les premiers. Lorsque les muscles releveurs substitueront leur action à celle des abaisseurs, nécessairement alors, la tête sera redressée.

L'inclinaison de la tête qui n'a d'autre cause que la mauvaise habitude, assez commune chez les enfants mal surveillés, de la pencher toujours du même côté, est facile à redresser. Il s'agit simplement de présenter toujours à l'enfant, les objets opposés à l'inclinaison, pour qu'il soit forcé de pencher la tête du même côté. On le surveillera sans cesse et sans cesse on le mettra dans la nécessité de faire agir les muscles releveurs du côté faible, en lui présentant des objets qui piquent sa curiosité.

§ I

Difformités des traits du visage

La laideur, les difformités du visage se transmettent aux enfants, par voie d'hérédité. — Les enfants offrent généralement plusieurs traits de ressemblance avec leurs parents. Le physionomiste découvre toujours dans la forme de la tête, dans l'ovale et les traits du visage des rapports intimes entre les êtres procréés et les procréateurs. Il est infiniment rare qu'il en soit autrement: dans les cas exceptionnels, il faut chercher la ressemblance chez les grands parents.

Nous ne parlerons ici que du nez et des oreilles: l'*Hygiène du visage,* ouvrage auquel nous renvoyons le lecteur, traite, *in extenso*, de tous les vices et imperfections qui peuvent affliger la face humaine, et indique les moyens d'y porter remède.

La forme et la dimension du nez et des oreilles sont celles qui se transmettent le plus fréquemment. — Un père à gros nez le transmet à ses filles; — Une mère à nez large, épaté le transmet à ses fils : c'est une règle générale. — Il en est de même pour les oreilles longues, larges, trop détachées, aplaties, sans rebords ou manquant de lobules et disgracieusement attachées à la peau des joues. — Les observations suivies que j'ai faites, à ce sujet, m'ont confirmé la vérité de l'hérédité physiologique.

MOYENS PROPRES A REDRESSER LES DIFFORMITÉS DU NEZ ET DES OREILLES

L'art possède-t-il des moyens pour redresser ces difformités? — La réponse est affirmative, mais conditionnellement. Deux sortes de moyens se présentent, les uns *directs*, les autres *indirects*. — Les premiers agissant sur l'organe déformé ont été soigneusement détaillés dans l'*Hygiène du visage*, déjà citée. — Les secondes sont du ressort des procréateurs ; exemples : — Un enfant naît avec le nez trop gros ou trop petit ; ou avec le nez épaté, retroussé, dévié, etc. ; examinez les parents, vous trouverez sur l'un des deux la même difformité qu'offre l'enfant. Il en est absolument de même pour les oreilles et les autres organes du visage.

Le moyen rationnel de combattre l'hérédité de ces difformittés existe dans les alliances matrimoniales. — Ainsi, l'homme qui a le nez trop gros, trop long, trop court ou mal fait, doit se marier avec une femme qui présente la forme et les dimensions contraires, et réciproquement. Il est certain que les enfants qui naîtront de cette union, présenteront une grande amélioration de la difformité congéniale. Si ces enfants suivent l'exemple de leurs parents dans leurs mariages, la difformité s'amoindrira, de plus en plus, et finira par s'effacer complétement chez les petits enfants. Il en sera de même pour les oreilles et pour toutes les autres difformités du visage.

—

—

§ II

Situation normale des épaules

Les épaules bien conformées doivent être égales en hauteur et en rondeur; leur partie supérieure correspond à la première côte; l'omoplate et les clavicules leur servent de soutien. Les bords internes de l'omoplate sont assez rapprochés l'un de l'autre dans la direction de la gouttière dorsale; cet os est entièrement caché sous les muscles qui le recouvrent, et ne doit se dessiner sous la peau, que lorsqu'on rapproche les coudes en arrière. — Les épaules qui ne remplissent point ces conditions, s'éloignent de la conformation normale.

§ III

Vices de situation des épaules et moyens d'y remédier

Il en existe trois principaux : — leur élévation, leur abaissement et leur projection en avant.

Lorsque les deux épaules sont trop élevées, le cou paraît plus court et plus enfoncé; — lorsque le vice n'atteint qu'une seule épaule, la rectitude du corps est lésée; — leur projection en avant arrondit le dos et diminue le diamètre de la poitrine.

Les causes de ces vices de situation peuvent être l'effet de l'incurvation de la colonne vertébrale, de l'inégalité de longueur des jambes, d'une maladie de leurs articulations, d'une paralysie partielle etc.; mais, la cause la plus générale se trouve dans les mauvaises habitudes qu'on a laissé prendre aux enfants. Parmi ces habitudes vicieuses et *déformatrices* nous citerons l'usage des lisières pour diriger leurs premiers pas. — Les asseoir sur une chaise ou dans un fauteuil dont les bras sont trop élevés. — Les placer dans ces espèces de chariots avec ou sans roulettes, pour leur apprendre à marcher, ou plutôt pour s'en débarrasser, circonstance familière aux nourrices sur lieux. L'enfant ayant les jambes trop molles pour se tenir longtemps debout, se soutient, par les aiselles, sur les rebords du chariot et y reste pour ainsi dire suspendu. Cette regrettable coutume peut déterminer l'élévation simultanée des deux épaules.

La mauvaise habitude, chez les enfants, de 7 à 12 ans de se tenir sur une seule jambe, — d'écrire sur une table trop élevée; — de porter au bras un panier lourd, ou un poids quelconque etc, peut déterminer l'élévation d'une seule épaule, et par conséquent l'abaissement de l'autre.

Les moyens naturels de redresser les épaules, dans les cas précités, est de faire cesser les causes qui les ont déformées. — Supprimer les lisières et les chariots; — engager, par des récompenses, l'enfant à se tenir sur la jambe opposée; puis, sur les deux jambes à la fois; — le faire marcher, le bras levé du côté de l'épaule basse, et la main du même bras appuyée sur le haut d'un bâton; – ou bien le faire marcher avec une canne très-basse du côté de l'épaule haute; on peut encore faire d'autres exercices gymnastiques appropriés à la circonstance.

La projection des épaules en avant, est une difformité qu'il faut se hâter de redresser, car elle porte une funeste influence sur la poitrine. Dans cette attitude, les épaules sont resserrées en haut, la cavité de la poitrine est diminuée; l'espace qui loge les poumons et le cœur étant retréci, ces viscères se trouvent gênés dans leur développement et la liberté de leurs fonctions. Il est donc urgent de combattre cette déviation à son début. Les moyens naturels sont :

Le saut de la corde en la faisant passer d'arrière en avant. — Les mouvements des deux bras, en arrière, pour joindre les deux coudes. — Les exercices gradués de la baguette, tenue avec les deux mains : on la fait passer par derrière la tête, puis on la ramène en avant, et alternativement d'avant en arrière. — Faire marcher l'enfant pendant huit à dix minutes, la baguette tenue avec les deux mains au bas du dos. Lorsque les vices de situation que nous venons d'énumérer, dépendent d'une déviation ou d'une incurvation de la colonne vertébrale, le cas est plus grave; le ministère d'un médecin orthopédiste devient indispensable.

SECTION II

DÉVIATION DE LA COLONNE VERTÉBRALE

La colonne vertébrale est composée de vingt-quatre vertèbres soudées, les unes aux autres, par une substance *fibro-cartilagineuse* qui lui permet de prendre et de conserver plusieurs positions; elle commence à l'os *occipital* du crâne et se termine à l'os *sacré* du bassin. Les principales pièces du squelette viennent aboutir à elle; le canal qui la parcourt dans toute sa longueur, loge et protége la moëlle épinière, et les trous dont elle est perforée donnent passage à des faisceaux nerveux qui vont se ramifier par tout le corps. Ce sont les nerfs vertébraux qui président à nos mouvements et donnent la sensibilité à nos organes; leur lésion est donc toujours très-grave. Ajoutons encore que la belle conformation du buste, dépend strictement de la rectitude vertébrale. Ce peu de mots fera juger du rôle important que joue la colonne vertébrale dans les phénomènes de la vie, et de combien de soins elle doit être l'objet.

Considérées sous le rapport de leurs causes premières, ses déviations se distinguent en deux genres :

1° Celles qui ont leur siége dans les vertèbres mêmes.

2° Celles dont la cause est hors des vertèbres; exemple : — Le défaut d'antagonisme dans les puissances musculaires; — les attitudes vicieuses du corps, longtemps répétées; — les professions, le genre de travail etc.

Les déviations du premier genre ont une gravité qui exige toujours un traitement médico-chirurgical, auquel nous renvoyons. Nous ne nous occuperons que des déviations du second genre.

La colonne vertébrale, ainsi qu'il a été dit, plus haut, est composée de vertèbres mobiles, au moyen d'un fibro-cartilage élastique, interposé entre chacune d'elles; les faisceaux musculaires qui s'y attachent la sollicitent en tous sens. — Les muscles du côté droit fonctionnent-ils avec plus d'énergie que ceux de gauche, la déviation a lieu du côté droit. La puissance musculaire est-elle plus grande à gauche qu'à droite, la déviation se manifestera du côté gauche.

Une position vicieuse reprise chaque jour et pendant des années, finit par devenir naturelle. — On voit beaucoup de violonistes offrir une épaule plus élevée que l'autre. La plupart des brodeuses, couturières et repasseuses ont la tête inclinée en avant. — Les travailleurs des champs, toujours courbés vers la terre, ont le dos arrondis; — les portefaix sont voûtés, etc. C'est à cause de cette facilité qu'a la colonne vertébrale de prendre et de garder une mauvaise direction, que les parents doivent surveiller leurs enfants pour corriger leurs défauts d'attitude dès le début.

C'est généralement vers l'âge de 7 à 8 ans que les déviations apparaissent; les jeunes filles y sont plus sujètes que les garçons. La première enfance n'en est pas exempte, mais les cas sont plus rares.

§ IV

Moyens de combattre les déviations vertébrales chez les enfants

Dans toutes les déviations de la colonne vertébrale, deux indications principales sont à remplir.

La première est de ramener les parties déviées à leur situation normale.

La seconde est de rétablir l'antagonisme musculaire; c'est-à-dire l'équilibre qui existe naturellement entre deux ordres de muscles d'action opposée.

L'emploi, bien dirigé, de ces deux moyens obtient généralement le succès désiré; mais il faut une stricte surveillance, de la part des parents; de l'obéissance et de la persévérance de la part des enfants. Pour être mieux compris du lecteur, un exemple servira de démonstration.

La déviation de la colonne vertébrale à droite, par cause d'attitude vicieuse, ainsi qu'elle se présente chez les enfants qui se tiennent, de préférence sur la jambe droite, ou qui se penchent toujours du même côté, se redresse par un moyen aussi simple que rationnel. Il s'agit d'encourager l'enfant par des caresses, par des récompenses, à prendre la même attitude sur le côté opposé, et de le soumettre, plusieurs fois par jour, à de légers exercices de gymnastique, sollicitant l'action modérée des muscles du côté opposé, c'est-à-dire du côté faible. Si l'on réussit à obtenir de l'enfant cette attitude et ces exercices, pendant un mois, les muscles du côté gauche reprendront la force dont les muscles du côté droit s'étaient emparés, à leur détriment, et la déviation s'amendera considérablement. Un ou deux mois encore de ces mêmes attitudes et de cette gymnastique, et la difformité sera effacée.

Le rétablissement de la synergie musculaire, c'est-à-dire le retour de l'action combinée des divers groupes de muscles concourant au même but, est considérée désormais par tous les orthopédistes, comme le vrai moyen de redresser les déviations récentes de la colonne vertébrale et d'assurer, dans l'avenir, sa rectitude normale.

Parmi les exercices les plus appropriés à l'enfance on cite, en première ligne, les jeux de la corde, — du volant, — de la balle, — des quilles, de l'échelle inclinée, — de la balançoire, le corps étant debout au lieu d'être assis, et la main du côté dévié, saisissant la corde à un point plus élevé que l'autre main. — Les jeux variés de la baguette sont d'un très-grand secours, et plusieurs autres exercices indiqués au chapitre Gymnastique médicale de notre *Hygiène de la beauté humaine*.

Lorsque tous les moyens que nous venons de signaler, restent stériles, c'est que la déviation est plus grave, plus difficile à combattre; il est alors nécessaire d'en venir aux bandages, aux appareils orthopédiques sous la direction d'un médecin pratiquant cette spécialité.

SECTION III

DIFFORMITÉS DES MEMBRES SUPÉRIEURS

Les difformités auxquelles sont sujets les bras et avant-bras se réduisent à cinq, et ne peuvent se guérir que par l'emploi de manipulations et de bandages orthopédiques.

1° L'extension permanente du bras et de l'avant-bras.

2° La flexion de l'avant-bras sur le bras.

3° La flexion de la main sur l'avant-bras.

4° La flexion des doigts sur la paume de la main.

5° Le raccourcissement d'un bras ou des deux bras. Cette dernière difformité étant congéniale n'a point de remède.

§ V

Des difformités des membres inférieurs

Les difformités de la cuisse et de la jambe peuvent se présenter sur divers points de leur système osseux.

1° Sur l'os de la cuisse (*le fémur*).

2° Sur les os de la jambe (*le tibia et le péroné*).

3° Dans les articulations de la hanche (*coxo-fémorale*): — du genou (*fémoro-tibiale*): — et de la jambe avec le pied (*tibio-tarsienne*).

4° Sur le pied et sur les orteils.

Les déviations ou courbures des os des jambes, reconnaissent généralement pour cause, le rachitisme, les scrofules, le ramollissement des os; une constitution lymphatique détériorée par de graves maladies. — Viennent ensuite les habitations insalubres, la mauvaise nourriture, la dentition difficile, douloureuse qui donne la fièvre, la diarrhée et jette le sujet dans l'abattement; le défaut d'air pur et de propreté, etc., sont autant de causes qui abattent les enfants, apauvrissent leur constitution, retardent le travail de l'ossification et les prédisposent aux difformités des membres inférieurs.

On reconnait les enfants prédisposés à ces courbures des os, à leur tempérament lymphatique, à leur diathèse scrofuleuse, à la mollesse de leurs tissus gorgés de sérosité, au gonflement de leurs articulations, à leurs muscles grêles et à leur gros ventre disproportionné avec le reste du corps.

§ VI

Traitement des déviations en général, chez les enfants

Le traitement de ces difformités *naissantes*, appartient plutôt à l'hygiène et à la médecine qu'à l'orthopédie. — La mollesse des tissus et l'extrême mobilité des articulations, ne permettent pas l'application d'un bandage orthopédique, qui gênerait, meurtrirait la partie, sans profit. Il faut avoir recours aux soins hygiéniques, aux frictions légères, à la manière de porter au bras et de coucher les enfants en bas-âge; ces petits soins et les attentions de la nourrice ont des résultats plus sérieux qu'on ne pense. — Si l'enfant est héréditairement scrofuleux, rachitique, archi-lymphatique, il est assez probable que la difformité dépend de ces maladies. Les lumières et la pratique du médecin sont ici nécessaires pour combattre la cause par un traitement général. On ferait d'inutiles efforts pour guérir, par un traitement local externe, une difformité dont la cause est interne, c'est-à-dire dans l'organisation même. En attaquant la maladie principale à l'intérieur, on ne négligera point les moyens auxiliaires extérieurs, pour fortifier le corps, tels que bains aromatiques, bains d'eaux minérales, bains d'eau de mer tiède; — frictions sèches ou avec des onctueux stimulants; — la promenade au grand air, à la campagne, au soleil; enfin, tous les agents propres à tonifier la constitution.

Le docteur Mellet, directeur d'un établissement orthopédique, et auteur d'un ouvrage estimé sur cette matière, a été très-souvent témoin de la guérison des courbures osseuses, chez les jeunes enfants, par l'emploi des moyens que nous venons d'indiquer, sans le secours des bandages mécaniques. Aussitôt que le tube digestif fonctionne bien, que l'assimilation s'opère facilement et que les muscles reçoivent leur part de sucs nourriciers, les courbures se redressent peu à peu et finissent par disparaître. — Une recommandation essentielle, pendant le traitement, est de ne pas laisser marcher seuls ces enfants, par la raison que les os des jambes n'offrent pas assez de résistance pour supporter le poids du corps; on ne doit les faire marcher qu'en les soutenant avec les mains, passées sous les aisselles; agir autrement serait perdre le bénéfice du traitement.

§ VII

Genoux cagneux

Le nom de cagneux a été donné aux genoux qui forment un angle saillant en dedans et rentrant en dehors. Cette difformité se manifeste lorsque l'os de la cuisse, perdant la ligne droite, s'incline plus ou moins, en dedans, à sa jonction avec l'os de la jambe (*le tibia*).

C'est ordinairement vers l'âge de 15 à 20 mois lorsque l'enfant cherche à marcher, que la déviation commence; il n'éprouve d'abord que de la gêne à courir et point de douleur. Les parents n'y prêtent aucune attention; la déviation progresse toujours; quand le genou est devenu tout à fait difforme, alors seulement, on va consulter le médecin. Pauvre mères!..... si votre éducation de jeune fille, au lieu d'avoir été futile, superstitieuse, eût été conforme à la raison, vous sauriez que plus le mal est récent, plus il est facile de l'extirper; que plus il est ancien et moins il y a de chances de guérison.

En général, toutes les causes qui produisent la courbure des os peuvent aussi donner lieu aux déviations des genoux.

§ VIII

Moyens propres à les prévenir

Les moyens de prévenir les déviations des genoux chez les enfants lymphatiques, scrofuleux, rachitiques sont, d'abord le régime indiqué précédemment, pour tonifier l'organisation et fortifier les membres. — Donner un air vivifiant aux poumons; l'air pur et le soleil ont une énorme influence sur la belle croissance et la santé de l'enfant. — Ensuite, surveiller la bonne ou la nourrice; lui défendre de porter l'enfant sur le côté, ainsi que toutes en ont l'habitude; car, les genoux de l'enfant, se trouvent dans l'enfoncement de la ceinture, tandis que ses pieds reposent sur le ventre de la porteuse; dans cette position, l'une des jambes est toujours courbée en dehors. — Défendre aussi qu'on place l'enfant debout dans les chariots à roulettes, ses jambes étant trop faibles encore pour supporter le corps.

Lorsque la difformité *cagneuse* est tout à fait déclarée, il faut, pour en arrêter les progrès, se hâter de soustraire la jambe à l'action continue qu'exerce, sur elle, le poids du corps, un bandage est devenu nécessaire. On doit, sans retard, recourir à l'expérience d'un médecin orthopédiste, pour le choix et l'application du bandage le plus convenable.

La mère qui néglige ce devoir sacré, paiera, plus tard, et bien cher, sa coupable insouciance; les difformités de son enfant, devenues incurables, seront une terrible accusation qui se dressera incessamment devant elle!.....

SECTION III

PIEDS BOTS

Cette dénomination s'applique aux pieds tordus en dedans et en dehors. On lui a substitué le vocable plus scientifique *killopodie* qui veut dire *pieds tordus, pieds de travers.*

Les anciens reconnaissaient trois sortes de pieds bots.

Le *vari* ou déviation du pied en dedans.

Le *valgi* — déviation en dehors.

Le *pied équin* — ressemblant au pied du cheval.

Ces difformités sont généralement congéniales, mais elles peuvent aussi se produire, après la naissance de l'enfant. On ne croit plus aujourd'hui, que ces difformités soient produites par l'imagination de la femme enceinte; le flambeau de la physiologie a dissipé les ténèbres de l'ignorance, et démontre clairement que toutes les difformités sont causées par un arrêt de développement organique du fœtus, ou par une direction vicieuse de ce développement, suite de gène dans la matrice. C'est en raison de cette cause, funeste à son fruit, que la femme devrait user de vêtements amples et mener une vie régulière pendant sa grossesse.

Depuis que d'habiles médecins et chirurgiens se sont livrés à la pratique de l'art orthopédique, les pieds-bots, loin d'être une difformité incurable, sont redressés avec tant d'adresse qu'il n'en reste aucune trace. L'âge le plus favorable à ce redressement, est de deux à cinq ans. Les indications à remplir, sont celles-ci :

1° Ramener peu à peu, par des manipulations orthopédiques, le pied dans la direction normale.

2° Rétablir l'antagonisme entre les muscles destinés à faire mouvoir le pied à droite et ceux qui le sollicitent à gauche; c'est-à-dire fortifier les muscles affaiblis, relachés et vaincre la résistance des muscles contractés.

3° Maintenir, par un brodequin mécanique les parties qu'on a redressées, jusqu'au jour où l'équilibre musculaire sera complétement rétabli. On n'oubliera point qu'il est de toute nécessité, de sortir le pied du brodequin, plusieurs fois chaque jour, pour pratiquer des tractions et manipulations dans le sens opposé à la difformité. Ces manipulations et tractions ont pour but de faciliter le jeu de l'articulation du pied avec la jambe et de donner aux muscles la force nécessaire pour remplir leurs nouvelles fonctions.

Les manipulations, nous le répétons, ont une grande importance, dans le traitement du pied-bot; elles exigent des connaissances anatomiques et une main exercée; elles doivent toujours être faites mollement et d'une manière insensible; car les os et les tissus de l'enfant sont très-tendres, très-faciles à s'étirer, à prendre la forme et la direction qu'on veut leur donner. — Le brodequin doit être construit de manière qu'en le chaussant et le déchaussant, il n'occasionne aucune douleur à l'enfant. En définitive, la *kil-lopodie* ou pied-bot est une des difformités les plus faciles à redresser lorsqu'on s'y prend à temps et convenablement. Les relevés faits, chaque année dans les établissements orthopédiques, en fournissent la preuve convaincante.

Là, se borne notre court aperçu concernant les déviations et difformités les plus ordinaires du corps humain. Et, maintenant, si nous avons pu persuader les parents, qui ont eu le malheur d'engendrer des enfants contrefaits, que toutes les difformités, hormis quelques exceptions, sont susceptibles d'être victorieusement combattues, pendant le premier âge, soit par le régime et la gymnastique médicale; soit par les manipulations, bandages et appareils orthopédiques ; — si nous avons pu convaincre ces parents qu'il est de leur devoir et du suprême intérêt de ces pauvres petits êtres disgraciés, de les confier aux soins éclairés d'un médecin orthopédiste, nous aurons atteint notre but.

CHAPITRE XX

GYMNASTIQUE

L'activité physique et, particulièrement, les exercices gymnastiques pris en de justes mesures, sont un brevet de santé et de longévité. Ces exercices, appliqués d'une manière intelligente, favorisent la fonction pulmonaire, la digestion des aliments et leur assimilation, les diverses sécrétions et excrétions, la circulation des fluides et généralement toutes les fonctions du corps. De plus, en mettant en jeu les nombreux faisceaux de l'appareil musculaire, la gymnastique active, régularise l'importante fonction nerveuse et développe la force physique. Tels sont les bienfaits de cet art, en honneur chez les anciens et dont la médecine de ces époques sut tirer un si grand parti.

La gymnastique est, généralement parlant, l'éducation des divers organes du corps, et, en particulier, des systèmes musculaires et osseux, par une série d'exercices et de mouvements combinés. — Son but est :

1° De développer la force physique, la grâce et la beauté des formes; — l'adresse, la vigueur et la souplesse du corps et des membres; — de procurer une santé robuste.

2° De stimuler le courage et l'émulation; — de donner le sentiment de sa force; — d'endurcir le corps contre les intempéries et les fatigues; — de donner à la patrie des citoyens courageux; et à la famille, des chefs qui perpétueront une race vigoureuse. Tels furent autrefois et tels devraient être encore les résultats des exercices gymnastiques.

D'après MM. Amoros et Clias, les premiers qui ouvrirent des gymnases à Paris, les bienfaits de la gymnastique ne se borneraient pas seulement au développement du physique, le moral en prendrait sa bonne part. — La gymnastique telle que nous l'enseignons, disaient-ils, porte sa double influence sur le corps et sur l'esprit, lorsqu'elle est continuée assez longtemps. Après avoir fortifié le corps, elle développe les sentiments, le courage, et fournit de vaillants défenseurs à la patrie; elle étouffe les mauvais penchants et fait naître les bons, tels que la générosité, la bienfaisance, le dévouement, enfin, toutes les vertus sociales.

Sans pousser aussi loin les bienfaits de la gymnastique, nous affirmons néanmoins qu'elle est d'une incontestable utilité pour la jeunesse, pour l'âge mûr et même pour la 1re vieillesse. Nous avons été témoin et le sommes tous les jours de ses merveilleux effets sur les corps débiles et privés de santé; on pourrait dire qu'elle reconstruit l'édifice humain détérioré. En résumé, la gymnastique est un art d'utilité publique dont on devrait multiplier les établissements. Il n'est de médecins et de philosophes qui n'aient fait l'éloge de cet art enseigné avec intelligence.

Parmi les professeurs de gymnastique moderne, se place aux premiers rangs, M. Eugène PAZ, auteur de plusieurs ouvrages sur cette matière, dont nous recommandons la lecture. Le gymnase de cet habile professeur réunit, chaque jour, de nombreux élèves des deux sexes qui exécutent admirablement les exercices les plus difficiles. Sa méthode, basée sur des connaissances anatomiques et physiologiques, opère des transformations merveilleuses et bien dignes d'attirer l'attention des parents.

Nous n'exposerons pas ici les nombreux exercices qui se pratiquent dans les gymnases; il existe des livres spéciaux sur ce sujet; et d'ailleurs, nous avons nous-même, consacré un chapitre entier de l'*Hygiène de la Beauté*, (1) à la description et à la manière de pratiquer les principaux exercices de cet art; nous y renvoyons le lecteur, qui pourra y puiser d'utiles enseignements pour lui et sa famille.

---

(1) HYGIÈNE DE LA BEAUTÉ HUMAINE, dans ses lignes, ses formes, ses proportions et sa couleur. — Chez DENTU, éditeur, Palais-Royal, à Paris.

Comme corollaire des chapitres *orthopédie* et *calliplastie* de cet ouvrage, nous donnerons une esquisse légère de la *gymnastique médicale*.

SECTION I

GYMNASTIQUE MÉDICALE OU ORTHOPÉDIQUE

Ce genre de gymnastique a pour objet l'application des exercices physiques, d'après des connaissances anatomiques et physiologiques, au redressement des déviations et des difformités du corps, ainsi qu'à la guérison de certaines maladies.

On arrête les difformités naissantes causées par les scrofules et le rachitisme, en mettant en jeu toutes les forces musculaires soutenues par une alimentation tonique et fortifiante. — On guérit l'anémie, la leucorrhée, la débilité partielle ou générale, par des exercices combinés et des aliments riches en principes nutritifs.

— Dans les gymnases orthopédiques dirigés par des médecins, il s'opère, chaque jour, des cures et des transformations prodigieuses; nous ne saurions trop recommander aux parents d'envoyer leurs enfants déviés ou contrefaits dans un de ces établissements.

Les exercices de la gymnastique médicale varient selon les difformités qu'on se propose de combattre.

Faiblesse musculaire

La faiblesse du corps entier exige l'exercice de tout le système musculaire. — Lorsque la faiblesse n'est que partielle, on ne doit mettre en mouvement que les muscles du côté faible; on laisse en repos les muscles du côté opposé. La règle à suivre est celle-ci : *Appliquer aux muscles faibles les moyens gymnastiques appropriés à leur faiblesse.*

Tête penchée à droite ou à gauche

La cause de cette inclinaison est dans le défaut d'antagonisme des muscles du cou. — Les muscles du côté droit étant plus forts que ceux du côté gauche entraîneront la tête à droite et *vice versa.* — Le vrai remède est dans l'exercice des muscles faibles pour leur donner la force de résister à leurs antagonistes. — Souvent il suffit, chez les enfants, d'attirer leur attention du côté opposé à l'inclinaison. Un objet qui pique leur curiosité les force à mettre en action les muscles faibles; en renouvelant ce petit moyen plusieurs fois par jour, et pendant quelque temps, la déviation finit par s'effacer.

Inégalité des épaules

Faire agir les muscles du bras de l'épaule faible, par une série de mouvements variés de rotation, de projection et d'inclinaison à droite, à gauche, en avant et en arrière. Tous ces mouvements doivent s'exécuter le bras étant levé en l'air. Au bout d'un temps plus ou moins long, lorsque l'épaule déviée commence à reprendre sa position normale, il est nécessaire de pratiquer de temps à autre, les mêmes exercices avec le bras opposé; car les muscles de celui-ci pourraient s'affaiblir à leur tour, si on les condamnait à un trop long repos.

Poitrine retrécie, — enfoncée

Toutes les positions du corps qui, dans les diverses professions de la vie, tendent à ramener les bras en avant, voûtent les épaules, enfoncent et rétrécissent la poitrine. La conséquence de cette déviation est une gène du cœur et des poumons, ce qui est toujours fâcheux. — Dans le principe, on remédie facilement à cette déformation par les exercices de la *Baguette* que nous décrirons plus bas. Ces exercices, et l'écartement des bras pour porter les coudes en arrière, effacent en peu de temps les épaules; la poitrine se jette en avant, se développe, et s'offre bientôt dans toute sa largeur.

Faiblesse, — maigreur des jambes

Ce défaut est très-facile à combattre chez les jeunes garçons, au moyen du pas gymnastique, de la course et du saut en toutes directions; enfin, tous les jeux qui exigent l'action énergique et soutenue des muscles des membres inférieurs. — Chez les jeunes filles, la marche accélérée, la course, surtout la danse et tous les jeux qui exercent les jambes, appellent dans le tissu musculaire de ces organes un surcroît de circulation nerveuse et sanguine et, par suite, une augmentation de volume et de forces.

SECTION II

GYMNASTIQUE DE CHAMBRE

EXERCICES DE LA BAGUETTE (1)

Ces exercices que tout individu, sans distinction d'âge et de sexe, peut pratiquer dans son appartement, sont des plus utiles aux personnes condamnées, par leur condition, à des travaux sédentaires.

---

(1) *Nota.* Le mot baguette désigne ici un bâton mince, arrondi et non flexible.

Premier exercice

1re POSITION

(La baguette ou bâton doit avoir 25 centimètres de plus que la taille de la personne.)

Prenez la baguette par les deux bouts avec chaque main; le dos des mains étant au-dessus et les doigts fermés en bas. — Elevez-là horizontalement au-dessus de la tête; — rabaissez et relevez-la plusieurs fois de suite.

Deuxième exercice

Partez de la première position, faites passer la baguette au-dessus de la tête et, sans la lâcher, faites-la glisser derrière le dos jusqu'à la hauteur des hanches; — opérez quelques balancements de droite à gauche et de gauche à droite; puis remontez la baguette au-dessus de la tête et ramenez-la, dans la première position, c'est-à-dire devant la poitrine au niveau de sa base. Recommencez plusieurs fois de suite le même exercice.

Troisième exercice

Partez de la première position; élevez la baguette à la hauteur du front; — exécutez de petits mouvements de rotation avec la main droite et puis avec la main gauche alternativement, comme si vous tourniez une manivelle; faites ainsi sept à huit tours. — Elevez la baguette au-dessus de la tête; portez rapidement la main gauche en bas, au-dessous de la hanche, de manière à donner à la baguette une inclinaison formant un angle aigu avec la main droite. Dans cette position, la main gauche restant immobile, exécutez avec la droite des mouvements circulaires. — Changez de position: c'est-à-dire descendez la main droite et remontez la main gauche, et faites les mêmes mouvements circulaires que vous venez d'exécuter avec la main droite.

Quatrième exercice

Partez de la première position: faites passer la baguette par-dessus la tête; descendez-la au bas des reins et faites-lui parcourir rapidement, plusieurs fois de suite, le même trajet, d'avant en arrière et d'arrière en avant; en décrivant au dessus de la tête un ∞ de chiffre renversé; puis au dernier tour, la baguette étant fixée sur les reins, marchez, en exécutant des mouvements de balancier de gauche à droite et de droite à gauche (1).

(1) Là, ne se bornent point les exercices de la baguette; on peut les varier, les multiplier à l'infini, selon les circonstances et l'adresse de la personne.

Ces quatre petits exercices mettent en action les divers faisceaux de muscles qui attachent les bras aux omoplates et au sommet de la poitrine. Les muscles du cou, des lombes et du bassin entrent également en action; car, il ne faut pas oublier de dire que pendant les exercices de la baguette, le corps ne doit pas rester immobile; il convient, au contraire, de le pencher à droite, à gauche, en avant et en arrière; il faut même, de temps à autre, faire quelques pas en avant, en arrière et sur les côtés.

Les exercices de la baguette, pratiqués journellement, ne sont point insignifiants, ainsi qu'on pourrait le croire; leur continuation obtient des résultats merveilleux. D'abord, comme nous venons de le voir, ils mettent en jeu et fortifient les muscles des bras, de la poitrine et du dos; ensuite, ils entretiennent la vitalité et la souplesse des articulations brachiales. Ce qui paraitra plus fort, c'est qu'ils modifient et guérissent les douleurs articulaires, les plus intenses, contre lesquelles échouent, bien souvent, les sangsues, les vésicatoires et les calmants intérieurs. Lisez à ce sujet, les guérisons opérées par ce moyen, dans l'ouvrage intitulé HYGIÈNE DES DOULEURS ET DES SENS.

Plus d'un lecteur douteront de l'efficacité des exercices de la baguette; et ils auront tort, parceque le doute n'est pas une preuve de raison. — Aux goutteux, aux rhumatisants affectés de douleurs articulaires, nous dirons : les médecins de l'antiquité guérissaient les douleurs par la *Cynésique* ou art des mouvements combinés; essayez, essayez donc! avant de nier. Essayez quelques minutes d'abord, en affrontant la douleur; puis quelques minutes de plus. Allez *piano*, ne vous découragez pas : exercices de courte durée le matin, au milieu du jour et le soir; continuez ainsi pendant quelques semaines, et vous rendrez grâce, j'en suis certain, aux vertus de la baguette.

CHAPITRE XXI

DE LA VIEILLESSE

DES CHANGEMENTS QU'ELLE OPÈRE DANS LE SYSTÈME GÉNITAL DE L'ÊTRE HUMAIN

§ I

Chez l'Homme

A cette dernière phase de la vie qu'on nomme vieillesse, l'activité plastique extérieure est beaucoup moins considérable, l'irritabilité nerveuse plus faible, la circulation plus lente; la nutrition, les sécrétions et autres fonctions de l'économie partagent cette faiblesse générale. — La vitalité artérielle diminue, et, avec elle, la chaleur du corps; c'est pourquoi les vieillards sont frileux. La substance des organes se renouvelle d'autant plus lentement que les sucs nourriciers arrivent en moins grande abondance dans leur parenchyme.

Toutes les fonctions s'affaiblissent chez le septuagénaire, et, en particulier, les organes de la reproduction, — Les testicules s'amoindrissent, les vésicules séminales se resserrent, les corps caverneux s'élargissent par l'amincissement de leurs parois, les érections deviennent de plus en plus imparfaites, la verge reste mollasse et impropre au coït; c'est ce qui fait le désespoir de certains vieillards, dont l'imagination s'est conservée libidineuse; le désir vénérien les assiége et les pousse au-devant d'un acte qu'ils ne peuvent accomplir; ils ont beau vouloir et s'exciter, l'organe reste muet..... Les muscles érecteurs ont perdu leur force; — les mailles des corps caverneux se sont élargies au point de ne plus pouvoir retenir la quantité de sang nécessaire à l'érection. Hélas! c'est fini pour eux.... — Les amours et leurs plaisirs sont les compagnons de la jeunesse; l'âge mûr qui penche à son déclin, les voit déserter peu à peu, — et ils s'enfuient devant la vieillesse qui les rappelle en vain....., ils sont partis sans retour.....

Malheur au vieillard qui se nourrit du fol espoir de retrouver sa vigueur génitale; il perd son temps, qu'il pourrait employer plus utilement. Plus grand malheur à ceux qui sont poussés, par leur imagination libertine, à faire usage des *aphrodisiaques*, substances incendiaires qui portent d'affreux ravages dans l'appareil gastro-génital, sans atteindre le but désiré. La tombe ne tarde pas de s'ouvrir pour ces pitoyables victimes d'une passion insensée.

§ II

Parmi les vieillards, on rencontre des organisations privilégiées sous le rapport de la longévité génitale. On cite plusieurs exemples remarquables, entre autres les maréchaux d'Estrée et de Richelieu, qui se marièrent l'un à 84 ans, l'autre à 91, et se conduisirent gaillardement avec leurs femmes. — Synclair parle d'un fermier anglais qui procréa deux filles à l'âge de 90 et 92 ans. On trouve, épars çà et là, dans les ouvrages de physiologie, plusieurs faits semblables, mais ce sont des exceptions qui n'altèrent nullement la loi commune. Si la nature produit des cas de longévité génitale, elle produit aussi des cas de brièveté. On voit beaucoup d'individus qui, sans être infirmes, sans avoir abusé du coït, sont tombés dans une impuissance complète de 35 à 40 ans. Pourquoi les premiers ont-ils conservé leur virilité si longtemps et les seconds l'ont-ils perdue si vite? Ce problème n'a pas encore été résolu.

L'abus des voluptés vénériennes est nuisible à la vigueur génitale, sans doute; mais, on aurait beau être continent, cette vigueur baissera forcément devant l'âge de 60 ans et se perdra vers 70 ans. Les sujets qui franchissent cette limite, tiennent probablement ce privilége d'une transmission héréditaire. C'est en vain que les vieillards, dont la virilité s'est éteinte, cherchent dans les aphrodisiaques et les excitants de tous genres les moyens d'imiter les privilégiés, non-seulement ils sont déçus, mais ils hâtent le jour de leur destruction.

Nous intercalons ici une observation qui pourra être utile.

On rencontre quelquefois des vieillards impuissants par défaut d'érection, chez lesquels la sécrétion spermatique se fait assez abondamment pour remplir les vésicules et causer l'engorgement du cordon spermatique ; ils éprouvent une vive douleur à la pression et au moindre mouvement des jambes. Ce cas s'observe particulièrement chez les hommes qui ont été adonnés aux femmes.

Un médecin, consulté par un de ces vieillards, ordonna des cataplasmes émollients et des bains. — La douleur persista et rendit la marche presque impossible. — Une nouvelle consultation eut lieu et quinze sangsues furent ordonnées sur le trajet du cordon. — Le patient ayant de la peine à se décider, retarda l'application des sangsues jusqu'au lendemain.

Pendant la nuit, un rêve érotique lui procura une pollution, et la douleur disparut comme par enchantement.

Ce cas met en évidence la vérité de ce vieux proverbe de médecine : *Sublata causa tollitur morbus.* — La cause étant détruite, le mal disparaît.

§ III

Chez la Femme

La vieillesse amène des désastres génitaux très-prononcés chez la femme : les ovaires s'applatissent; les ovules qu'ils contiennent se convertissent en petits grains durs, jaunâtres et inertes; les oviductes s'oblitèrent, la matrice se racornit, son parenchyme se durcit, son col fait saillie dans le vagin. Le canal vulvo-utérin n'étant plus d'aucune utilité se raccourcit, ses colonnes et ses rugosités s'effacent; les grandes lèvres s'amincissent, se rident et s'écartent l'une de l'autre, de manière à laisser voir les nymphes ou petites lèvres flasques, plombées et le clitoris flétri. L'érectilité de ces derniers organes est généralement abolie. L'acte vénérien, s'il est pratiqué, exige des frottements longtemps répétés pour obtenir une sensation qui tient plutôt de la douleur que du plaisir. Le désir vénérien, lorsqu'il se développe et persiste, a son point de départ dans l'imagination, autrement dit dans une surexcitation de l'organe cérébral qui correspond à l'amour physique. Cette surexcitation travaille incessamment l'érotomane et la pousse à un acte qui n'est plus de son âge.

L'érotisme, chez la femme sexagénaire, est extrêmement rare et dépend presque toujours, ainsi que nous venons de le dire, d'une surexcitation du cerveau, d'une imagination dont les ardeurs ne sont pas encore éteintes. Les organes utérins n'étant plus aptes au rôle que la nature leur avait confié, sont désormais condamnés au repos; la faculté érectile est perdue, mais le désir est resté..... L'acte vénérien, quoique pouvant s'exécuter, ne procure plus l'effet qu'on en attendait. Néanmoins le désir persiste, soutenu par l'espoir d'être satisfait. C'est ainsi que vit, pendant quelque temps, la vieille érotomane, jusqu'au jour où de nouvelles déceptions viennent la convaincre de son impuissance à goûter un plaisir dont la source est tarie. Lorsque l'irritation nerveuse, causée par l'érotisme, n'a point lésé le cerveau, les désirs vénériens s'effacent peu à peu, et le calme succède à la tourmente. Alors, donnant une autre direction à l'activité de son esprit, la sexagénaire reporte ses facultés affectives sur ses enfants et ses petits-enfants.

SECTION II

CONCLUSION PHYSIOLOGIQUE

La vie, dans son acception la plus générale, est une des forces, un des principes de l'univers.

— La vie, telle que nous la connaissons par ses phénomènes sensibles, appréciables à nos sens, est inhérente à notre planète; elle procède d'elle et ne peut s'éteindre que par un bouleversement de fond en comble et une transformation de la matière qui compose notre planète. Mais, après ce bouleversement et cette transformation qui anéantiront les espèces existantes, d'autres espèces surgiront, tout à fait différentes de celles d'aujourd'hui. La vie étant une des forces, un des principes de l'univers, ne peut disparaître qu'avec lui; or, si l'univers est éternel, la vie doit l'être également.

Le but de la vie est la génération. — Toutes les espèces vivantes se recherchent et se reproduisent, aucune d'elles n'échappe à cette grande loi. Cette vérité devient évidente pour le naturaliste, lorsqu'il voit que, chez beaucoup d'espèces inférieures, la vie des procréateurs cesse dès qu'ils l'ont transmise aux êtres procréés. — Dans les espèces supérieures, le but de la vie est absolument le même, avec cette seule différence que la période procréatrice a une durée plus longue.

§ III

Les organes générateurs jouent le rôle principal dans l'existence physique de l'homme et de la femme; ainsi l'a voulu la nature pour perpétuer la vie sur le globe terrestre. C'est pendant la période que nous nommerons *génitale*, qui s'étend de la puberté à la première vieillesse, que l'être humain jouit de la plénitude de toutes ses facultés. Cette période est celle de la vigueur physique et morale : elle renferme les âges de la jeunesse et de la virilité, durant lesquels la vie est semée d'amour et de plaisirs, de succès et d'insuccès, d'espérances et de déceptions. Les désirs brûlent au fond du cœur de l'homme qui possède les instruments pour les satisfaire ; si des obstacles s'opposent à leur réalisation, il espère les voir bientôt s'aplanir ; car il a du temps devant lui, et il retrempe ses forces dans cet espoir.

Pendant la période génitale, la plus belle et la plus longue de son existence, l'homme est incessamment occupé à augmenter, à assurer son bien-être, à satisfaire plus ou moins modérément ses besoins et ses passions. Lorsqu'aucun revers ne le fait déchoir de la position qu'il s'est acquise ; quand son moral est sain, son corps exempt d'infirmités, la vie est pour lui un bienfait, un bonheur. Cette heureuse période devrait durer toujours..... Mais, hélas ! la marche du temps est rapide...., la cinquantaine arrive ; la vigueur physique baisse quoique insensiblement : les désirs sont moins pressants et leur satisfaction n'est que le pâle reflet des plaisirs d'autrefois. Bientôt la soixantaine l'atteint..... C'est la première vieillesse : la période génitale penche à sa fin. L'organe procréateur sommeille, et, si parfois l'imagination vient le réveiller, ce triste réveil n'est que momentané et ne procure pas les voluptés qu'on en attendait.... C'est l'âge des premiers regrets.

Six ou dix ans plus tard, selon le tempérament du sujet et la conduite qu'il a menée, la faculté procréatrice languit de plus en plus et finit par s'éteindre tout à fait; c'est la période de l'impuissance sénile, la dernière de la vie. Le physique et le moral éprouvent un changement très-sensible; les goûts ne sont plus les mêmes, les idées sont remplacées par d'autres moins riantes. Le grand mobile de la reproduction n'existant plus, le septuagénaire éprouve, parfois, des regrets au souvenir de ses amours juvéniles bien loin de lui!.... C'est un nuage qui passe et se dissipe plus ou moins vite.

Il est des hommes d'un tempérament qualifié d'amoureux, qui, durant toute leur vie, ont voué un culte à VÉNUS; dominés par l'instinct génital, pendant la longue période de la jeunesse à l'âge de déclin, ils arrivent à la vieillesse avec le même penchant, les mêmes désirs. Alors, ce n'est plus l'instinct génital qui les pousse, qui les excite, c'est l'imagination, la folle du logis. — Mais l'imagination, si prompte autrefois à stimuler l'organe copulateur, reste impuissante aujourd'hui, et le piteux vieillard se consume en vains efforts, à la porte du temple.

Les auteurs qui ont écrit sur ce sujet s'accordent à dire que l'amour physique est ridicule chez le vieillard; ses caresses sont répulsives et sa maigre offrande est presque toujours un échec à sa longévité.

Etonné d'abord de son impuissance, ensuite honteux, affligé, quelquefois désespéré, le vieillard encore vert se révolte, accuse la nature de sa cruelle disgrâce.... ; il ne peut croire à sa nullité présente. Elle n'est que momentanée, pense-t-il, et aussitôt il se met à la recherche des moyens propres à conjurer cette décadence. Il lit les ouvrages qui traitent de l'impuissance; il essaie divers excitants, rien...., l'organe reste muet aux stimulants les plus forts. Enfin, après plusieurs tentatives infructueuses, il appelle à son secours la raison, pour chasser l'idée fixe qui l'obsède...., et, lorsqu'il croit en avoir triomphé, un sourire de femme, une circonstance fortuite ramène la même idée aussi vivace et plus pressante! Cette perfide recrudescence est un commencement de *vésanie*. Si l'érotomane ne parvient pas à expulser entièrement de son cerveau l'idée fixe qui le tourmente, hélas! il ne tardera point à en être victime. C'est, en effet, ce qui a lieu : la raison l'abandonne tout à fait, et le malheureux s'éteint bientôt dans les transports d'un délire érotique.

D'autres vieillards, et fort heureusement c'est le plus grand nombre, après avoir longtemps et amèrement regretté leur vigueur d'autrefois, après avoir inutilement tenté d'en reproduire le pâle reflet, finissent par comprendre la vanité de leurs efforts et l'absurdité de leur passion. Alors, l'éroticité se dissipe, le calme renaît au cerveau, la raison reprend son empire, et le vieillard, à jamais débarrassé de son ridicule amour, se montre plein d'attentions pour les dames et promène autour d'elles son aimable galanterie. Il aime toujours sa femme, il professe toujours un culte pour la beauté, mais non comme naguère; son rôle désormais se borne à celui d'admirateur.

De soixante-dix à quatre-vingts ans et au-dessus, pour ceux qui parcourent cette période, le cercle des distractions se rétrécit de plus en plus ; le nombre des amis de son âge va toujours en diminuant, les infirmités arrivent, la vie s'écoule froide et monotone. Heureux le septuagénaire dont l'esprit a été cultivé ! il trouve encore de doux moments à passer avec ses auteurs favoris.

Le septuagénaire ne doit plus songer à VÉNUS..,, mais d'autres plaisirs lui restent encore : ceux que lui procure l'amour de ses enfants et les joies bruyantes de ses petits-enfants ; le plaisir qu'il goûte au milieu de ses vieux amis, dont la conversation roule presque toujours sur le temps passé. — Un autre plaisir s'offre à lui, le plaisir de la bienfaisance, si doux, si pur, et qui ne laisse jamais d'amertume au cœur. . .

Vieillards! mettez à profit le peu de jours qui vous séparent de la tombe, pour utiliser votre longue expérience et éclairer de vos conseils les gens fourvoyés; pour multiplier vos actes de bonté et de générosité; pour vous faire aimer et vous attirer la reconnaissance de tous; et, lorsque vous ne serez plus, pour qu'on vous regrette et qu'on bénisse votre mémoire.

TABLE

DES MATIERES CONTENUES DANS CE VOLUME

LA VÉNUS ANTIQUE

CHAPITRE Ier

CHAPITRE II.

CHAPITRE III.

CHAPITRE IV.

CHAPITRE V.

CHAPITRE VI.

CHAPITRE VII.

CHAPITRE VIII.

CHAPITRE IX.

CHAPITRE IX.

CHAPITRE X.

CHAPITRE XI.

CHAPITRE XII.

CHAPITRE XIII.

CHAPITRE XIV.

CHAPITRE XV.

CHAPITRE XVI.

CHAPITRE XVII.

CHAPITRE XVIII.

CHAPITRE XIX.

CHAPITRE XX.

CHAPITRE XXI.

Clermont, typ d'ARMAND PESTEL.

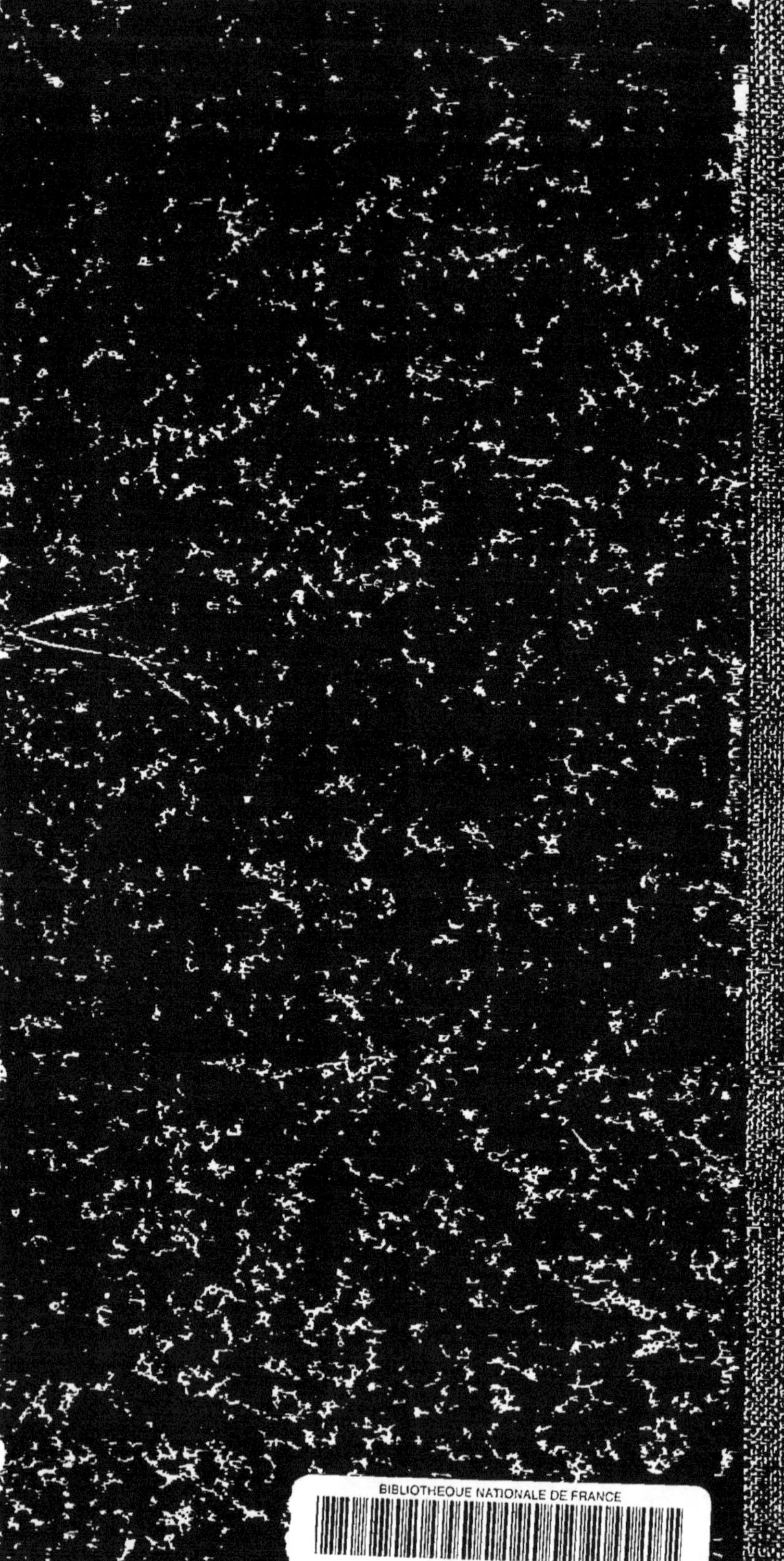

www.ingramcontent.com/pod-product-compliance
Ingram Content Group UK Ltd.
Pitfield, Milton Keynes, MK11 3LW, UK
UKHW022326190726
13856UKWH00001B/235

9 782011 935472